U0187083

计算机理论与应用技术研究

陈 巍 薛 霞 周 正 著

延边大学出版社

图书在版编目（CIP）数据

计算机理论与应用技术研究 / 陈巍，薛霞，周正著
. -- 延吉 ： 延边大学出版社, 2023.6
ISBN 978-7-230-05091-3

Ⅰ. ①计… Ⅱ. ①陈… ②薛… ③周… Ⅲ. ①电子计算机—研究 Ⅳ. ①TP3

中国国家版本馆CIP数据核字(2023)第105948号

计算机理论与应用技术研究

著　　者：陈　巍　薛　霞　周　正
责任编辑：董德森
封面设计：文合文化
出版发行：延边大学出版社
社　　址：吉林省延吉市公园路977号　　邮　　编：133002
网　　址：http://www.ydcbs.com　　E-mail：ydcbs@ydcbs.com
电　　话：0433-2732435　　传　　真：0433-2732434
印　　刷：廊坊市广阳区九洲印刷厂
开　　本：787×1092　1/16
印　　张：11
字　　数：220 千字
版　　次：2023 年 6 月 第 1 版
印　　次：2023 年 6 月 第 1 次印刷
书　　号：ISBN 978-7-230-05091-3

定价：68.00元

前　言

改革开放以来，我国的经济得到了飞速发展，人们的生活水平也随之提高，通信技术在人们的日常生活中越来越重要。同时，通信行业的市场竞争也在不断加剧。有些通信企业为了发展，引进了不同类型的管理系统和管理方法，以期在激烈的市场环境中站稳脚跟。不少通信企业将计算机技术应用于信息管理工作中，不仅充分满足了公司不同部门的需要，还提高了管理效率以及质量。

全书共八章，主要论述了计算机理论与应用技术。第一章论述了计算机的分类、特点等以及计算机系统的发展历史和组成。第二章论述了计算机理论。第三章论述了计算机信息安全技术。第四章论述了计算机访问控制技术。第五章论述了计算机虚拟现实技术。第六章论述了计算机视觉技术。第七章论述了计算机网络安全检测技术。第八章论述了计算机技术的应用。

本著作在编写的过程中参考了多位专家、学者的研究成果，借鉴了相关文献的部分内容，在此向他们致以诚挚的谢意。由于编写人员水平所限，加之时间紧迫，书中难免存在不当之处，敬请广大读者批评、指正。

笔者

2023 年 3 月

目　录

第一章　计算机与计算机系统概述

第一节　计算机概述

计算机是一种能按照人们事先编写的程序连续、自动地工作，能对输入的数据进行加工、存储、传送，由电子部件和机械部件组成的电子设备。计算机及其应用已渗透到社会的各个领域，有力地推动了整个社会的发展，它已成为人们生活中必不可少的现代化工具。

一、计算机的分类

随着计算机技术的发展和应用，尤其是微处理器的发展，计算机的类型越来越多样化。根据用途和使用范围的不同，计算机可以分为专用计算机和通用计算机。专用计算机功能单一、适应性差，但在特定用途上最有效、最经济、最快捷；通用计算机功能齐全、适应性强，但运行效率、运算速度和工作经济性相对于专用计算机来说要低。

从计算机的运算速度等性能指标来看，计算机主要有高性能计算机、微型计算机、工作站、服务器、嵌入式计算机等。

（一）高性能计算机

高性能计算机是指目前速度最快、处理能力最强的计算机，其在过去被称为巨型计算机或大型计算机。高性能计算机数量不多，但却有重要和特殊的用途。在军事方面，高性能计算机可用于战略防御系统、大型预警系统、航天测控系统等；在民用方面，其可用于大区域中长期天气预报、大面积物探信息处理系统、大型科学计算和模拟系统等。

中国的“巨型计算机之父”、2002 年国家最高科学技术奖获得者金怡濂院士，在 20 世纪 90 年代初提出了一个我国巨型计算机研制的全新的跨越式方案，这一方案把巨型计算机的峰值运算速度从每秒 10 亿次提升到每秒 3 000 亿次以上，跨越了两个数量级，闯出了一条中国巨型计算机赶超世界先进水平的发展道路。

近年来，我国巨型计算机的研发也取得了很大成就，推出了“神威”“天河”等代表国内最高水平的巨型机系统，并在国民经济的关键领域得到了应用。

中型计算机的规模和性能介于大型计算机和小型计算机之间。

小型计算机的规模较小，成本较低，易于维护，在运算速度、存储容量和软件系统的完善方面占有一定优势。小型计算机的用途很广，既可用于科学计算、数据处理，又可用于生产过程中自动控制和数据采集及分析处理。

（二）微型计算机

微型计算机又称个人计算机（personal computer, PC）。1971 年，Intel 公司的工程师成功地在一个芯片上实现了中央处理器（central processing unit, CPU）的功能，制成了世界上第一片 4 位微处理器 Intel 4004，组成了世界上第一台 4 位微型计算机——MCS-4，从此揭开了世界微型计算机大发展的帷幕。随后许多公司如 Motorola、Zilog 等也争相研制微处理器，并先后推出了 8 位、16 位、32 位、64 位微处理器。

自 IBM 公司于 1981 年采用 Intel 的微处理器推出 IBM PC 以来，微型计算机因其小、巧、轻、使用方便、价格便宜等优点得到迅速发展，并成为计算机的主流。今天，微型计算机的应用已经遍及社会的各个领域，从工厂的生产控制到政府的办公自动化，从商店的数据处理到家庭的信息管理，几乎无所不在。微型计算机的种类有很多，主要分三类：台式机、笔记本电脑和个人数字助理。

（三）工作站

工作站是一种介于微型计算机与小型计算机之间的高档微机系统。自 1980 年美国 Appolo 公司推出世界上第一个工作站 DN-100 以来，工作站迅速发展，已成为一种专长处理某类特殊事务的独立的计算机类型。工作站通常配有高分辨率的大屏幕显示器和大容量的内、外存储器，具有较强的数据处理能力与高性能的图形功能。

（四）服务器

服务器是一种在网络环境中为多个用户提供服务的计算机系统。从硬件上来说，一台普通的微型计算机也可以充当服务器，关键是它要安装网络操作系统、网络协议和各种服务软件。服务器可以提供文件、数据库、图形、图像以及打印、通信、安全、保密和系统管理、网络管理等服务。根据提供的服务的不同，服务器可以分为文件服务器、数据库服务器、应用服务器和通信服务器等。

（五）嵌入式计算机

嵌入式计算机是指作为一个信息处理部件，嵌入应用系统中的计算机。嵌入式计算机与通用型计算机最大的区别是运行固化的软件，用户很难或不能改变。嵌入式计算机应用最广泛，数量超过微型计算机，目前广泛应用于各种家用电器，如电冰箱、自动洗衣机、数字电视机等。

二、计算机的特点与应用

（一）计算机的特点

计算机的发展虽然只有不到 100 年的时间，但从没有一种机器像计算机这样具有如此强劲的渗透力，在人类社会发展中扮演着如此重要的角色，这与它的强大功能是分不开的。与以往的计算工具相比，计算机具有许多优点：

在处理对象上，计算机不仅可以处理数值信息，还可以处理包括文字、符号、图形、图像乃至声音等在内的一切可以用数字加以表示的信息。计算机内部采用二进制数值进行运算，表示二进制数值的位数越多，精度就越高。因此，可以用增加表示数值的设备和运用计算技巧的方法，使数值计算的精度越来越高。电子计算机的计算精度在理论上不受限制，一般的计算机均能达到 15 位有效数字，而且通过技术处理计算机可以达到任何精度要求。

在处理内容上，计算机不仅能处理数值计算，还可以对各种信息作非数值处理，如进行信息检索、图形处理；不仅可以处理加、减、乘、除等算术运算，也可以处理是、非的逻辑运算；计算机可以根据判断结果，自动决定以后执行的命令。例如，1997 年 5

月，在美国纽约举行的“人机大战”，国际象棋世界冠军加里·基莫维奇·卡斯帕罗夫（Гарри Кимович Каспаров）输给了 IBM 的超级计算机“深蓝”。“深蓝”的运算速度不算最快，但具有强大的计算能力，能快速读取所存储的 10 亿个棋谱，每秒钟能模拟 2 亿步棋，它的快速分析和判断能力是其取胜的关键。当然，这种能力是通过编制程序，由人赋予计算机的。

在处理方式上，只要人们把处理的对象和处理问题的方法步骤以计算机可以识别和执行的“语言”事先存储到计算机中，计算机就可以自动地对这些数据进行处理。计算机在工作中无须人工干预，能自动执行存储在存储器中的程序。人们事先规划好程序后，向计算机发出指令，计算机既可帮助人类去完成那些枯燥乏味的重复性劳动，也可控制以及深入人类难以胜任的、有毒的、有害的作业场所。

在处理速度上，它运算高速。目前一般微型计算机的处理速度都可以达到每秒数亿次的运算，高性能计算机每秒能进行超过数十亿亿次的运算。

计算机可以存储大量数据。目前一般的微型计算机都可以存储数百吉字节的数据。计算机存储的数据量越大，可以记住的信息量也就越大。大容量的存储器能记忆大量信息，不仅包括各类数据信息，还包括加工这些数据的程序。

多个计算机借助通信网络互相连接起来，可以突破地域限制，互发电子邮件，进行网上通信，共享远程信息和资源。

计算机具有超强的记忆能力、高速的处理能力、很高的计算精度和可靠的判断能力。人们进行的任何复杂的脑力劳动，如果能够分解成计算机可执行的基本操作，并以计算机可以识别的形式表示出来，存储到计算机中，计算机就可以模仿人的一部分思维活动，代替人的部分脑力劳动，按照人们的意愿自动工作，所以有人也把计算机称为“电脑”，以强调计算机在功能上和人脑有许多相似之处，如人脑的记忆功能、计算功能、判断功能等。

然而电脑终究不是人脑，它也不可能完全代替人脑，但是说电脑不能模拟人脑的功能也是不对的。尽管电脑在很多方面远远比不上人脑，但它也有超越人脑的许多性能，人脑与电脑在许多方面有着互补作用。

（二）计算机的应用

计算机之所以能得到迅速发展，其生命活力源于它的广泛应用。目前，计算机的应用范围几乎涉及人类社会的各个领域，从国民经济各部门到个人家庭生活，从军事部门到民用部门，从科学教育到文化艺术，从生产领域到消费娱乐，无处没有计算机的踪迹。计算机的应用主要归纳为以下六个方面。

1.工业应用

自动控制是涉及面极广的一门学科，在现代工业中，计算机普遍用于生产过程的自动控制。

在生产过程中，采用计算机进行自动控制，可以大大提高产品的产量和质量，提高劳动生产率，改善人们的工作条件，节省原材料的消耗，降低生产成本等。用于生产过程自动控制的计算机，一般都是实时控制。生产过程的自动控制对计算机的速度要求不高，但对其可靠性要求很高，用于自动控制的计算机若可靠性不足将生产出不合格的产品，甚至发生重大设备事故或人身事故。

计算机辅助设计/计算机辅助制造是借助计算机进行设计的一项实用技术。采用计算机进行辅助设计，不仅可以大大缩短设计周期，加速产品的更新换代，降低生产成本，节省人力、物力，而且对保证产品质量有重要作用。由于计算机有快速的数值计算、较强的数据处理及模拟能力，因而在船舶、飞机等的设计制造中计算机辅助设计/计算机辅助制造的应用越来越广泛。在超大规模集成电路的设计和生产过程中，其中复杂的多道工序是人工难以解决的，而使用已有的计算机辅助设计新的集成电路，可以达到自动化或半自动化程度，从而减轻人的劳动强度并提高设计质量。

现代计算机在企业管理中的应用也愈加广泛。计算机具有强大的存储能力和计算能力，现代化企业充分利用计算机的这种能力对生产要素的大量信息进行加工和处理，进而形成了基于计算机的现代化企业管理的概念。对于生产工艺复杂、产品与原料种类繁多的现代化企业，计算机辅助管理的意义是与企业在激烈的市场竞争中能否生存紧密相关的。

计算机辅助决策系统是计算机在人类预先建立的模型基础上，根据对所采集的大量数据的科学计算而得出结论，以帮助人类进行决策判断的软件系统。计算机辅助决策系统可以节约人类大量的宝贵时间，并可以帮助人类进行“知识存储”。

2.科学计算

在科学技术及工程设计中所遇到的各种数学问题的计算，统称为科学技术计算。它是计算机应用最早的领域，也是应用得较广泛的领域。例如，人类对数学、化学、天文学、地球物理学等基础科学的研究，以及在航天飞行、飞机设计、桥梁设计、水力发电、地质探矿等领域的大量计算都要用到计算机。利用计算机进行科学计算，可以节省大量的时间、人力和物力。

3.商业应用

用计算机对数据及时地加以记录、整理和运算，加工成人们所需求的形式，这一过程称为数据处理。数据处理系统具有输入/输出数据量大而计算却很简单的特点。在商业数据处理领域，计算机被广泛应用于财会统计与经营管理中。自助银行是20世纪产生的电子银行的代表，完全由计算机控制的“银行自助营业厅”可以为用户提供24小时的不间断服务。电子交易是指通过计算机和网络进行的商务活动。电子交易是在Internet的广阔联系与传统信息技术系统的丰富资源相结合的背景下应运而生的一种网上相互关联的动态商务活动，是在Internet上展开的。

4.教育应用

利用计算机的通信功能和互联网实现的远程教育是当今教育发展的重要技术手段之一。远程教育可以在一定程度上解决教育资源分配不均和知识交流不便等问题。对于代价很高的实验教学和现场教学，可以用计算机的模拟能力在屏幕上展现教学环节，既可达到教学目的又可节约开支。

5.生活领域

数字社区是指现代化的居住社区。连接了高速网络的社区为拥有计算机的住户提供互联网服务，真正实现了人们“足不出户”就可以漫游网络世界的美好愿景。信息服务行业是21世纪的新兴产业，遍布世界的信息服务企业为人们提供着住房、旅游、医疗等诸多方面的生活信息服务。这些服务都是在计算机的存储、计算以及信息交换能力的基础上实现的。

6.人工智能

人工智能是将人脑中进行演绎推理的思维过程、规则和所采取的策略、技巧等开发成计算机程序，在计算机中存储一些公理和推理规则，然后让计算机去自动探索解题的方法，让计算机具有一定的学习和推理功能，能够自己积累知识，并且独立地按照人类赋予的推理逻辑来解决问题。

总之，计算机的应用已渗透到人类社会的各个领域，在未来，它对人类的影响将越来越大。但是，我们必须清楚地认识到，计算机本身是人设计制造的，还要靠人来维护，人只有不断提高自身的知识水平，才能充分发挥计算机的作用。

第二节　计算机系统概述

计算机是现代高科技产品，既可以进行数值的编辑和计算，又可以进行逻辑功能计算，同时还有强大的存储记忆功能，而这一切功能都是按照预先设定的程序来实现的。

从改革开放到今天，计算机在我国的应用越来越普遍，计算机用户量正在以惊人的速度不断攀升，同时计算机的应用水平也在逐步提升，并集中体现在互联网、通信、多媒体等各个领域。

一、计算机系统的发展历史

（一）局域网阶段

从 20 世纪 80 年代开始，随着微型计算机的增多，我国许多单位组建了局域网，多采用以太网技术（该技术是 IEEE 802.3 协议的基础），总线型是拓扑结构，信道访问协议为 CSMA/CD，传输介质是同轴电缆，网络操作系统为 UNIX 和 3ComPlus，数据传输速率为 10 Mbit/s。

进入 20 世纪 90 年代以后，局域网的传输开始采用双绞线，网络操作系统为 NOVELL 公司的 NetWare，局域网互联得到广泛应用，网络互联设备主要是中继器和网桥。

1994 年以后，局域网普遍开始使用 Windows NT 网络操作系统，人们设计出数据传输速率达到 100 Mbit/s 的快速以太网，光纤开始作为传输介质。为适应高速网络的要求，数据编码方式有了变化，用路由器进行网络互联已经普及。

1998 年，千兆以太网出现并开始广泛应用于构筑企业网和校园网的主干网，由于数据传输速率高，组网、应用简单方便，千兆以太网迅速成为局域网的主流技术。

2002 年 3 月，万兆以太网产品问世，并保持向下兼容。Windows 2000 Server 和 Windows 2000 Advance Server 成为主要的网络操作系统。随着万兆以太网产品的应用，不少企业开始组建企业内部的互联网，称为 Intranet，也称内联网。

（二）广域网阶段

1980 年，中国铁道部（今国家铁路局）开始进行计算机联网实验，设计和组建用于行车调度的运输管理系统，这一系统后来演变为铁路运输管理信息系统。

1989 年，中国第一个公用分组交换网建成。值得注意的是，欧洲一些国家是在 20 世纪 70 年代就开始了公用分组交换网的实验。1993 年 9 月，我国建成新的公用分组交换数据网，简称 CHINAPAC，由国家主干网和省级内网组成，网络管理中心在北京，并在北京、上海和广州设有国际出口，主干网覆盖 2 300 多个市、县以及乡镇，端口达 13 万个，用户数据传输速率可以达到 64 kbit/s，中继线的通信速率为 64 kbit/s～2.048 Mbit/s。

从 20 世纪 90 年代起，随着 Internet 应用的普及，中国陆续组建了基于 Internet 技术的 4 个覆盖全国的公用计算机网络，并支持与 Internet 的互联，这些网络是：中国公用计算机互联网（CHINANET），中国金桥信息网（吉通网络，CHINAGBN），中国教育和科研计算机网络（CERNET），中国科学技术网络（CSTNET）。前两个网络由中国电信组建，是经营性网络，后两个分别由当时的国家教育委员会（今教育部）和中国科学院组建，是公益性网络。

CHINANET 于 1995 年组建，由主干网和接入网组成，主干网构成主要信息通路，由各省会城市和直辖市节点组成，接入网则由各省、自治区、直辖市内建设的网络节点组成。全国各地的用户均可以通过 163 拨号上网。CHINANET 在北京、上海和广州设有高速国际出口线路与 Internet 互联，主干线路的数据传输速率以 2.048 Mbit/s 为主，并逐步提高到 34 Mbit/s，甚至更高的数据传输速率。

1993 年，中国启动了实现国民经济信息化的网络工程，称为金桥工程，吉通通信公司负责实施 CHINAGBN 的建设。1996 年 CHINAGBN 建成，这是一个开放式的互联网络，覆盖全国，包含有卫星网和地面的光纤网，称为“天地一体”，提供的主干速率为 128 kbit/s～8 Mbit/s。

CHINAGBN 可以传输数据、语音、图像等业务，为金融、海关、外贸、交通、科学技术、国家安全等领域的各种信息业务系统提供服务。其他的“金”字头工程都是在金桥工程基础设施上运行的信息化应用工程。

1994 年，由当时的国家教育委员会组织，启动“211 工程”建设，开始组建中国教育和科研计算机网络，简称 CERNET，也称“金智工程”。全国按地域分为 8 个地区，构成主干网、地区网、校园网三级结构，网络控制中心设在清华大学，并通过网络控制中心的国际出口与 Internet 连接。

CSTNET 由中国科学院负责建设和管理，CSTNET 最早为北京中关村地区教育与科研示范网，该示范网后来构成 CSTNET 的核心部分。1994 年，CSTNET 融合到中国互联网信息中心（China Internet Network Information Center, CNNIC），CNNIC 是在 CSTNET 和中国科学院网络信息中心的基础上成立的。后来又组建了中国科学院网络，覆盖全国 25 个城市的 120 多个科研机构，形成百所大联网，另外科学院系统外的一些有关部委和地区的用户，可以通过微波、卫星线路连接到中国科学院网络。

（三）CNGI 和互联网阶段

2003 年，中华人民共和国国家发展和改革委员会等八部委联合启动了中国下一代互联网示范工程（China Next Generation Internet, CNGI）。2004 年 3 月，作为 CNGI 核心主干网络的 CNGI-Cernet 2 实验网开通，2004 年 12 月，CNGI-Cernet 2 正式开通，成为全球最大的纯 IPv6 网络。

二、计算机系统的组成

根据计算机的工作特点，可以把计算机描绘成一台能存储程序和数据，并能自动执行程序的机器，是一种能对各种数字化信息进行处理的工具。计算机系统是由计算机硬件和计算机软件组成的。计算机硬件是指构成计算机的所有实体部件的集合，通常这些部件由电路（电子元件）、机械元件等物理部件组成，它们都是看得见、摸得着的物体。软件主要是一系列按照特定顺序组织的计算机数据和指令的集合。较为全面的软件定义为：软件是计算机程序、方法和规范及其相应的文档，以及在计算机上运行时所必需的数据。软件是相对于机器硬件而言的。

（一）计算机系统的硬件

尽管计算机已经发展了五代，有各种规模和类型，但是当前的计算机仍然遵循被誉为“计算机之父”的冯·诺伊曼（John von Neumann）提出的基本原理运行。冯·诺伊曼提出的基本原理是：第一，采用二进制形式表示数据和指令，指令由操作码和地址码组成；第二，将程序和数据存放在存储器中，计算机在工作时从存储器取出指令加以执行，自动完成计算任务，这就是“存储程序”和“程序控制”（简称存储程序控制）的概念；第三，指令的执行是有顺序的，即一般按照指令在存储器中存放的顺序执行，程序分支由转移指令实现；第四，计算机由存储器、运算器、控制器、输入设备和输出设备等五大基本部件组成，并规定了这五个部件的基本功能。

冯·诺伊曼提出的基本原理奠定了现代计算机的基本架构，并开创了程序设计的时代。采用这一原理设计的计算机被称为冯·诺伊曼机。冯·诺伊曼机有五大组成部件，原始的冯·诺伊曼机在结构上是以运算器为中心的，但演变到现在，电子数字计算机已经转向以存储器为中心。

在计算机的五大部件中，运算器和控制器是信息处理的中心部件，所以它们合称为“中央处理单元”（即 CPU）。存储器、运算器和控制器在信息处理中起主要作用，是计算机硬件的主体部分，通常被称为“主机”。而输入设备和输出设备统称为“外部设备”，简称为外设或 I/O 设备。

1.运算器和控制器

（1）运算器

运算器由算术逻辑单元、累加器、状态寄存器、通用寄存器等组成。算术逻辑运算单元的基本功能是进行加、减、乘、除等算数运算，与、或、非、异或等逻辑运算操作。计算机运行时，运算器的操作种类由控制器决定。运算器处理的数据来自存储器，处理后的结果数据通常送回存储器，或暂时寄存在运算器中。

运算器的主要功能：完成对各种数据的加工处理；运算器中的寄存器可以临时保存参与运算的数据和运算的中间结果等；运算器中还要设置相应的部件，用来记录一次运算结果的特征情况，如是否溢出、结果的符号位、结果是否为零等。

运算器分类：从小数点的表示形式划分，运算器有两种类型：一种是定点运算器，这种运算器只能做定点数运算，特点是机器数所表示的范围较小，但结构较简单；另一种是浮点运算器，这一种运算器功能较强，既能对浮点数又能对定点数进行运算，机器数所表示的范围很大，但结构相对复杂。还可以从进位制方面划分，一般计算机都采用二进制运算器，随着计算机广泛应用于商业和数据处理，越来越多的机器都扩充了十进制运算的功能，使运算器既能完成二进制的运算，也能完成十进制运算。计算机中运算器需要具有完成多种运算操作的功能，因而必须将各种算法综合起来，设计一个完整的运算部件。

（2）控制器

控制器是计算机硬件系统的指挥和控制中心。当系统运行时，由控制器发出各种控制信号指挥系统的各个部分有条不紊地协调工作。然而，控制器产生控制信号的依据是“机器指令”，通过对一条指令译码，控制器将产生相应的一组控制信号，并控制计算机完成一组特定的操作。此外，控制器所产生的控制信号还要受时序的控制。

2.存储器

计算机的主存储器不能同时满足访问速度快、存储容量大和成本低的要求，在计算机中必须有速度由慢到快、容量由大到小的多级层次存储器，以最优的控制调度算法和合理的成本构成性能可接受的存储系统。

制约存储器设计的因素主要有三个，容量、速度及价格，这三个因素的关系为：速度越快，每位价格越高，容量配置越小；速度越慢，每位价格越低，容量配置越大。

为了权衡以上因素，目前主要采用存储器层次结构，而不是依赖单一的存储部件或技术。在现代计算机系统中存储层次可分为 CPU 内寄存器、高速缓冲存储器（简称高速缓存）、主存储器（即内存）、辅助存储器四级。高速缓冲存储器用来改善主存储器与处理器的速度匹配问题，辅助存储器又称外存储器（简称外存），用于扩大存储空间。

（1）高速缓冲存储器

高速缓冲存储器的原始意义是指访问速度比一般随机存取存储器更快的一种随机存取存储器，一般而言，它不像系统主存那样使用动态随机存储器技术，而是使用昂贵但较快速的静态随机存储器技术。

高速缓冲存储器是介于主存与 CPU 之间的一级存储器，由静态存储芯片组成，容量较小但速度比主存快，其最重要的技术指标是它的命中率。高速缓冲存储器与主存储器之间信息的调度和传送是由硬件自动进行的。

①组成结构

高速缓冲存储器主要由三大部分组成：一是 Cache 存储体，其作用是存放由主存调入的指令与数据；二是地址转换部件，其作用是建立目录表以实现主存地址到缓存地址的转换；三是置换部件，其作用是在缓存已满时按一定策略进行数据替换，并修改地址转换部件中的目录表。

②工作原理

高速缓冲存储器通常由高速存储器、联想存储器、置换逻辑电路和相应的控制线路组成。在有高速缓冲存储器的计算机系统中，处理器存取主存储器的地址划分为行号、列号和组内地址三个字段。于是，主存储器就在逻辑上划分为若干行，每行划分为若干个存储单元组，每组包含几个或几十个字。高速存储器也相应地划分为行和列的存储单元组。二者的列数相同，组的大小也相同，但高速存储器的行数却比主存储器的行数少得多。

联想存储器用于地址联想，有与高速存储器相同行数和列数的存储单元。当主存储器某一列某一行存储单元组调入高速存储器同一列某一空着的存储单元组时，与联想存储器对应位置的存储单元就记录调入的存储单元组在主存储器中的行号。

当处理器存取主存储器时，硬件首先自动对存取地址的列号字段进行译码，以便将联想存储器该列的全部行号与存取主存储器地址的行号字段进行比较。若有相同的，表明要存取的主存储器单元已在高速存储器中，称为命中，硬件就将存取主存储器的地址映像为高速存储器的地址并执行存取操作；若都不相同，则表明该单元不在高速存储器中，称为失效，硬件将执行存取主存储器操作并自动将该单元所在的那一主存储器单元组调入高速存储器相同列中空着的存储单元组中，同时将该组在主存储器中的行号存入联想存储器对应位置的单元内。

当出现失效而高速存储器对应列中没有空的位置时，便淘汰该列中的某一组以腾出位置存放新调入的组，这称为置换。确定置换的规则称为置换算法，常用的置换算法有最近最久未使用算法、先进先出法和随机法等。置换逻辑电路就是执行这个功能的。另外，当执行单元存入主存储器操作时，为保持主存储器和高速存储器内容的一致性，对命中和失效分别进行处理。

③地址映像与转换

地址映像是指某一数据在主存中的地址与在缓存中的地址两者之间的对应关系。下面介绍三种地址映像方式。

a. 全相联方式

全相联方式的地址映像规则是主存储器中的任意一块可以映像到 Cache 中的任意一块，其基本实现思路是：主存与缓存分成相同大小的数据块，主存的某一数据块可以装入缓存的任意一块空间中。目录表存放在联想存储器中，包括三部分：数据块在主存的块地址、存入缓存后的块地址及有效位（也称装入位）。由于是全相联方式，因此目录表的容量应当与缓存的块数相同。

全相联方式的优点是命中率比较高，Cache 存储空间利用率高；缺点是访问相关存储器时，每次都要与全部内容比较，速度低且成本高，因而应用少。

b. 直接相联方式

直接相联方式的地址映像规则是主存储器中某一块只能映像到 Cache 中的一个特定的块，其基本实现思路是：主存与缓存分成相同大小的数据块；主存容量应是缓存容量的整数倍，将主存空间按缓存的容量分成区，主存中每一区的块数与缓存的总块数相等；主存中某区的一块存入缓存时只能存入缓存中块号相同的位置。主存中各区内相同块号的数据块都可以分别调入缓存中块号相同的地址中，但同时只能有一个区的块存入缓存。由于主、缓存的块号及块内地址两个字段完全相同，因此目录登记时，只记录调入块的区号即可。目录表存放在高速小容量存储器中，包括两个字段：数据块在主存的区号和有效位。目录表的容量与缓存的块数相同。

直接相联方式的优点是地址映像方式简单，数据访问时，只需检查区号是否相等即可，因而可以得到比较快的访问速度，且硬件设备简单；缺点是置换操作频繁，命中率比较低。

c. 组相联映像方式

这种方式的地址映像规则是主存储器中某一块只能存入缓存的同组号的任一块中，其基本实现思路是：主存和缓存按同样大小划分成块；主存和缓存按同样大小划分成组，主存容量是缓存容量的整数倍，将主存空间按缓存区的大小分成区，主存中每一区的组数与缓存的组数相同；当主存的数据调入缓存时，主存与缓存的组号应相等，也就是各区中的某一块只能存入缓存的同组号的空间内，但组内各块之间可任意存放，即从主存的组到缓存的组之间采用直接映像方式；在两个对应的组内部采用全相联映像方式。

主存地址与缓存地址的转换由两部分构成：组地址采用的是直接映像方式，按地址进行访问；块地址采用的是全相联方式，按内容访问。

组相联映像方式的优点是块的冲突概率比较低，块的利用率大幅度提高，块的失效率明显降低；缺点是实现难度和造价要比直接相连方式高。

（2）内存

内存又称内存储器或主存储器，由半导体器件制成，是计算机的重要部件之一，是 CPU 能直接寻址的存储空间，其特点是存取速率快。计算机中所有程序的运行都是在内存中进行的，因此内存的性能对计算机的影响非常大。内存的作用是暂时存放 CPU 中的运算数据以及与硬盘等外部存储器交换的数据。只要计算机在运行中，CPU 就会把需要运算的数据调到内存中进行运算，当运算完成后 CPU 再将结果传送出来。

我们平常使用的程序，如 Windows 操作系统等，一般都是安装在硬盘等外存上的，但仅此是不能使用其功能的，必须把它们调入内存中运行，才能真正使用其功能。我们平时输入一段文字，或玩一个游戏，其实都是在内存中进行的。就好比在一个书房里，存放书籍的书架和书柜相当于电脑的外存，而我们工作的办公桌就是内存。通常我们把要永久保存的、大量的数据存储在外存上，而把一些临时的或少量的数据和程序放在内存中，当然，内存的性能会直接影响电脑的运行速度。内存包括只读存储器（read-only memory, ROM）和随机存取存储器（random-access memory, RAM）两类。

在制造 ROM 的时候，信息（数据或程序）就被存入并永久保存，这些信息只能读出，不能写入，即使机器停电，数据也不会丢失。ROM 一般用于存放计算机的基本程序和数据，如 BIOS ROM。其物理外形一般是双列直插式（dual inline-pin package, DIP）的集成块。

RAM 表示既可以从中读取数据，也可以写入数据。当机器电源关闭时，存于其中的数据就会丢失。我们通常购买或升级的内存条就是用作电脑的内存，它是将 RAM 集成块集中在一起的一小块电路板，插在计算机中的内存插槽上，以减少 RAM 集成块占用的空间。

物理存储器和存储地址空间是两个不同的概念，但因为两者有十分密切的关系，且都使用 B、KB、MB 及 GB 来度量其容量大小，所以容易产生认识上的混淆。物理存储器是指实际存在的具体存储器芯片。例如，主板上装插的内存条和装载有系统的基本输入输出系统（Basic Input Output System, BIOS）的 ROM 芯片，显示卡上的显示 RAM 芯片、装载显示 BIOS 的 ROM 芯片、各种适配卡上的 RAM 芯片和 ROM 芯片都是物理存储器。存储地址空间是指对存储器编码（编码地址）的范围。所谓编码，就是对每一个物理存储单元（一个字节）分配一个号码，通常叫作“编址”。分配一个号码给一个存储单元的目的是便于找到它，完成数据的读写，这就是所谓的“寻址”，因此有人也把存储地址空间称为寻址空间。

（3）磁盘

磁盘是最常用的外部存储器，它是将圆形的磁性盘片装在一个方形的密封盒子里，这样做的目的是防止磁盘表面划伤，导致数据丢失。存放在磁盘上的数据信息可长期保存且可以反复使用。磁盘有软磁盘和硬磁盘之分，当前软磁盘已经基本被淘汰了，计算机广泛使用的是硬磁盘，我们可以把它比喻成电脑储存数据和信息的大仓库。

①硬磁盘的种类和构成

硬磁盘的种类主要包括 SCSI、IDE 以及现在流行的 SATA 等。任何一种硬磁盘的生产都有一定的标准，随着相应标准的升级，硬磁盘生产技术也在升级，比如 SCSI 标准已经经历了 SCSI-1、SCSI-2 及 SCSI-3，而目前我们经常在网站服务器看到的 Ultra-160 就是基于 SCSI-3 标准的。IDE 遵循的是 ATA 标准，而目前流行的 SATA，是 ATA 标准的升级版本。IDE 是并口设备，而 SATA 是串口，SATA 的发展是为了替换 IDE。

一般说来，无论是哪种硬磁盘，都是由盘片、磁头、盘片主轴、控制电机、磁头控制器、数据转换器、接口、缓存等组成的。

所有的盘片都固定在一个旋转轴上，这个轴即盘片主轴。而所有盘片之间是绝对平行的，在每个盘片的存储面上都有一个磁头，磁头与盘片之间的距离比头发丝的直径还小。所有的磁头连在一个磁头控制器上，由磁头控制器负责各个磁头的运动。磁头可沿盘片的半径方向作径向移动（实际是斜切向运动），每个磁头同一时刻也必须是同轴的，即从正上方向下看，所有磁头任何时候都是重叠的（不过目前已经有多磁头独立技术，可不受此限制）。而盘片以数千转每分钟到上万转每分钟的速度高速旋转，这样磁头就能对盘片上的指定位置进行数据的读写操作。

②盘面、磁道、柱面和扇区

a.盘面

硬磁盘的盘片一般用铝合金材料做基片，高速硬磁盘也可能用玻璃做基片。硬磁盘的每一个盘片都有两个盘面，即上、下盘面，一般每个盘面都会利用，都可以存储数据，称为有效盘面，也有极个别的硬磁盘盘面数为单数。每一个这样的有效盘面都有一个盘面号，按顺序从上至下、从 0 开始依次编号。在硬磁盘系统中，盘面号又叫磁头号，因为每一个有效盘面都有一个对应的读写磁头。硬磁盘的盘片组在 2～14 片不等，通常有 2～3 个盘片，故盘面号（磁头号）为 0～3 或 0～5。

b.磁道

磁盘在低级格式化时被划分成许多同心圆，这些同心圆轨迹叫磁道，信息以脉冲串的形式记录在这些轨迹中。磁道由外向内、从 0 开始顺序编号。硬磁盘的每一个盘面有 300～1 024 个磁道，新式大容量硬磁盘每面的磁道数更多。每条磁道并不是连续记录数据，而是被划分成一段一段的圆弧，这些圆弧的角速度一样，但由于径向长度不一样，所以线速度也不一样，外圈的线速度较内圈的线速度大，即同样的转速下，外圈在同样时间段里，划过的圆弧长度要比内圈划过的圆弧长度大。每段圆弧叫作一个扇区，扇区从 1 开始编号，每个扇区中的数据作为一个单元同时读出或写入。磁道是看不见的，只是盘面上以特殊形式磁化了的一些磁化区，在磁盘格式化时就已规划完毕。

c.柱面

所有盘面上的同一磁道构成一个圆柱，通常称作柱面，每个圆柱上的磁头由上而下、从 0 开始编号。数据的读/写按柱面进行，即磁头读/写数据时，首先在同一柱面内从 0 磁头开始进行操作，依次向下在同一柱面的不同盘面即磁头上进行操作，只有在同一柱面所有的磁头全部读/写完毕后，磁头才转移到下一柱面（同心圆再往里的柱面）。因为选取磁头只需通过电子切换即可，而选取柱面则必须通过机械切换，电子切换时磁头向邻近磁道移动的速度比机械切换时快得多，所以数据的读/写按柱面进行，而不按盘面进行，以提高硬磁盘的读/写效率。一块硬磁盘驱动器的柱面数（或每个盘面的磁道数）既取决于每条磁道的宽窄（同样，也与磁头的大小有关），也取决于定位机构所决定的磁道间步距的大小。

d.扇区

操作系统以扇区形式将信息存储在硬磁盘上，每个扇区包括两个主要部分，即扇区标识符和存储数据的数据段（通常为 512 B）。

扇区标识符，又称为扇区头标，包括组成扇区三维地址的三个数字：盘面号，扇区所在的磁头（或盘面）；柱面号或磁道，确定磁头的径向方向；扇区号，在磁道上的位置，也叫块号，确定了数据在盘片圆圈上的位置。

扇区头标中还包括一个字段，其中有一个标识扇区是否能可靠存储数据的标记。有些硬磁盘控制器在扇区头标中还记录有指示字，可在原扇区出错时指引磁盘转到替换扇区或磁道。最后，扇区头标以循环冗余校验值作为结束，以供控制器检验扇区头标的读出情况，确保准确无误。

扇区的数据段用于存储数据信息，包括数据和保护数据的纠错码（error correcting code, ECC）。在初始准备期间，计算机将 512 个虚拟信息字节（实际数据的存放位置）和与这些虚拟信息字节相应的 ECC 数字填入这个部分。

3.输入设备和输出设备

（1）输入设备

输入设备接收用户输入的数据（含多媒体数据）、程序或命令，然后将它们经设备接口传送到计算机的存储器中。常见的输入设备有键盘、鼠标、扫描仪、数字化仪、声音识别设备等。此处主要针对键盘和鼠标进行详细阐述。

①键盘

键盘上的每个键有一个键开关，键开关有机械触点式、电容式、薄膜式等多种，其作用是检测出使用者的击键动作，把机械的位移转换成电信号，输入计算机中。

②鼠标

鼠标是一种控制显示器屏幕上光标位置的输入设备。在 Windows 操作系统中，使用鼠标使操作计算机变得非常简单，如在桌面上或专用的平板上移动鼠标，使光标在屏幕上移动，选中屏幕上提示的某项命令或功能，并按一下鼠标上的按钮就完成了所要进行的操作。鼠标上有一个、两个或三个按钮，每个按钮的功能在不同的应用环境中有不同的作用。

鼠标依照所采用的传感技术可分如下三种：一是机械式鼠标，底部有一个圆球，通过圆球的滚动带动内部两个圆盘运动，通过编码器将运动的方向和距离信号输入计算机。二是光电式鼠标，采用光电传感器，底部不设圆球，而是一个光电元件和光源组成的部件。当它在专用的有明暗相间的小方格的平板上运动时，光电传感器接收到反射的信号，测出移动的方向和距离。三是机械光电式鼠标，这种是上述两种结构的结合。它的底部有圆球，但圆球带动的不是机械编码盘而是光学编码盘，从而避免了机械磨损，也不需要专用的平板。

（2）输出设备

输出设备将程序运行结果或存储器中的信息传送到计算机外部，提供给用户。常见的输出设备有显示器、打印机、绘图仪、音频输出设备等。此处主要针对显示器和打印机进行详细阐述。

①显示器

显示器是由监视器和显示适配器及有关电路和软件组成的，用以显示数据、图形、图像的计算机输出设备。显示器的类型和性能由组成它的监视器、显示适配器和相关软件共同决定。

监视器通常使用分辨率较高的显像管作为显示部件。显像管是将电信号转变为可见图像的电子束管，又称为阴极射线管，可分为单色显像管（包括黑色、白色、绿色、橘红色、琥珀色等）和彩色显像管两大类。显像管的原理是电子枪发射被调制的电子束，经聚焦、偏转后打到荧光屏上显示出发光的图像。其中，彩色显像管有产生红、绿、蓝三种基色的荧光屏和激励荧光屏的三个电子束。只要三基色荧光粉产生的光的分量不同，就可以形成颜色。

监视器的光标定位方法有随机扫描和光栅扫描两种，光栅扫描又分逐行扫描和交错隔行扫描（先扫描奇数行，再扫描偶数行，交错进行）两种。逐行光栅扫描有许多优点，目前已得到广泛应用。监视器的屏幕对角线有 12 英寸、14 英寸、15 英寸、20 英寸等不同规格。

组成屏上图像的点称为像素。屏上最小可示像素的大小由点距确定，点距越小，显示越清晰。

显示器的性能与显示适配器紧密相关。随着 PC 机的发展，显示适配器出现了多种型号。早期有 MDA（Monochrome Display Adapter，单色显示适配器）和 CGA（Color Graphics Adapter，彩色图形显示适配器），后来有 HGA、EGA、VGA、SVGA、AVGA 等。

通常，显示适配器包括像素处理器、显示处理器、半导体读写存储器（即显存）、只读存储器和接口电路。这些器件被组装成一块电路板，一般称为显示卡。显示卡可直接插在计算机的主板上使用。

计算机执行图形或图像显示时，像素处理器解释计算机送来的命令及参数，在读写存储器内实现画图操作，并作相应的彩色数据处理。由于分辨率高的彩色动态图像的数据量很大，所以对显存的容量要求越来越高，从早期的 64 KB 已经发展到 8 GB、16 GB 甚至更多。

②打印机

打印机是计算机系统中的一个重要输出设备，它可以把计算机处理的结果（文字或图形）在纸上打印出来。

a.针式打印机

用一组细针，在电路的驱动下击打色带，在纸上留下墨迹。根据针头的数量，打印机可分为 9 针打印机和 24 针打印机。一个西文字符可以由 8×9 点阵组成，用 9 针打印机一次就可以打印一行。一个汉字则需要由 16×16、24×24 或更多的点阵组成。对于一个 24×24 点阵组成的汉字，用 9 针打印机需要反复 3 次才能完成，而使用 24 针打印机则可以一次打印完毕。点阵式打印机由于采用了击打方式，所以打印中噪声较大。它可以使用多种打印纸（有孔的宽型纸、窄型纸、复印纸或其他的单页纸等），可以用复写打印纸一次打印、多份拷贝，还可以打印蜡纸，用于印刷。打印的质量与色带的新旧程度有关。

b.喷墨式打印机

将墨水通过细小的喷嘴喷到纸上，打印质量较点阵式打印机好，噪声也较小。但是，它只能使用质量较好的单页纸，有的更限制为一种规格（一般是A4）的复印纸。另外，它不能同时打印、多份拷贝，也不能打印蜡纸。

c.激光打印机

激光打印机的打印质量最好，速度快，噪声低，但价格比前两种高。激光打印机的工作原理是：由激光器发出的激光束经声光调制偏转器按字符点阵的信息调制。在高频超声信号的作用下，声光偏转器衍射出形成字符的调制光束。当频率变化时，激光束的衍射角度随之变化，形成纵向的扇出光束。此扇出光束经高速旋转的多面镜反射，在预先荷电的转印鼓面上扫描曝光。鼓面被激光束照射的部位的电荷消失，形成静电潜象。当鼓面经过带相反电荷的色粉时，由于静电作用吸附上色粉，进行显影。在电场的作用下，色粉由鼓面被转印到纸上。经热挤滚压定影之后，字符便永久性地印在纸上。

此外，还有一些特殊用途的打印机，如票据打印机、条码打印机等。

（二）计算机系统的软件

一个完整的计算机系统是由硬件和软件两部分组成的，没有任何软件的计算机称为裸机。裸机本身几乎不能完成任何功用，只有配备一定的软件，才能发挥其功用。实际呈现在用户面前的计算机系统是经过若干个软件改造的计算机，而其功能的强弱也与所配备的软件有关。相对于计算机硬件而言，软件是计算机的无形部分，但它的作用很大。如果只有好的硬件，没有好的软件，则计算机难以显示出它的优越性能。软件一般可分为系统软件和应用软件两大类。

1.系统软件

系统软件通常负责管理、控制和维护计算机的各种软硬件资源，并为用户提供一个友好的操作界面和工作平台。常见的系统软件主要指操作系统，当然也可以包括语言处理程序（编译）、连接装配程序、系统实用程序以及数据库软件等。目前常见的系统软件有操作系统、语言处理程序、数据库管理系统以及系统支撑或服务程序等。

（1）操作系统

操作系统是最底层的系统软件，它是对硬件系统功能的首次扩充，也是其他系统软件和应用软件能够在计算机上运行的基础。操作系统实际上是一组程序，它们用于统一管理计算机中的各种软、硬件资源，合理地组织计算机的工作流程，协调计算机系统各部分之间、系统与用户之间、用户与用户之间的关系。由此可见，操作系统在计算机系统中占有非常重要的地位。通常，操作系统具有五个方面的功能，即存储管理、处理器管理、设备管理、文件管理和作业管理。

（2）语言处理程序

程序设计语言是软件系统的重要组成部分，而相应的各种语言处理程序属于系统软件。程序设计语言一般分为机器语言、汇编语言和高级语言三类。第一，机器语言。机器语言是最底层的计算机语言，用机器语言编写的程序，计算机硬件可以直接识别。第二，汇编语言。汇编语言是为了便于理解与记忆，将机器语言用助记符号代替而形成的一种语言。第三，高级语言。高级语言与具体的计算机硬件无关，其表达方式接近于被描述的问题，易为人们所接受和掌握。用高级语言编写程序要比低级语言容易得多，并大大简化了程序的编制和调试，使编程效率得到大幅提高。高级语言的显著特点是独立于具体的计算机硬件，通用性和可移植性好。

（3）数据库管理系统

随着计算机硬件和软件的发展，计算机在信息处理情报检索以及各种管理系统中的应用越来越广泛，这些都要求大量处理某些数据，建立和检索大量的表格。如果将这些数据和表格按一定的规律组织起来，可以使得这些数据和表格处理起来更方便，检索更迅速，用户使用更方便，于是出现了数据库。数据库就是相关数据的集合，数据库和管理数据库的软件构成数据库管理系统。数据库管理系统目前有许多类型，常用的数据库管理系统有 SQL（结构化查询语言） Server、Oracle、MySQL 和 Visual FoxPro 等。

（4）系统支撑或服务程序

该类程序又称工具软件，如系统诊断程序、调试程序、排错程序、编辑程序、查杀病毒程序等，都是为维护计算机系统的正常运行或支持系统开发所配置的软件系统。

2.应用软件

应用软件是指除了系统软件以外的所有软件，它是用户利用计算机及其提供的系统软件为解决各种实际问题而编制的计算机程序。计算机已渗透到了各个领域，因此应用软件是多种多样的。常见的应用软件有：用于科学计算的程序，包括文字处理软件，计算机辅助设计、辅助制造和辅助教学软件，图形处理软件等。

（三）硬件与软件的逻辑等价性

现代计算机不能简单地被认为是一种电子设备，而是一个十分复杂的由软件、硬件结合而成的系统。而且，在计算机系统中并没有一条明确的关于软件与硬件的分界线，没有一条硬件准则来明确指定什么必须由硬件完成，什么必须由软件完成。因为，任何一个由软件所完成的操作也可以直接由硬件来实现，任何一条由硬件所执行的指令也能用软件来完成。这就是所谓的软件与硬件的逻辑等价。例如，在早期计算机和低档微型机中，由硬件实现的指令较少，像乘法操作，就由一个子程序（软件）去实现。但是，如果用硬件线路直接完成，速度会很快。另外，由硬件线路直接完成的操作，也可以由控制器中微指令编制的微程序来实现，从而把某种功能从硬件转移到微程序上。另外，还可以把许多复杂的、常用的程序硬件化，制作成所谓的“固件”。固件是一种介于传统的软件和硬件之间的实体，功能上类似于软件，但形态上又是硬件。

微程序是计算机硬件和软件相结合的重要形式。第三代以后的计算机大多采用了微程序控制方式，以保证计算机系统具有最大的兼容性和灵活性。从形式上看，用微指令编写的微程序与用机器指令编写的系统程序差不多。微程序深入机器的硬件内部，以实现机器指令操作为目的，控制着信息在计算机各部件之间流动。微程序也基于存储程序的原理，存放在控制存储器中，所以也是借助软件方法实现计算机工作自动化的一种形式。这充分说明软件和硬件是相辅相成的。第一，硬件是软件的物质支柱，正是在硬件高度发展的基础上才有了软件的生存空间和活动场所。没有大容量的主存和辅存，大型软件将发挥不了作用，而没有软件的“裸机”也毫无用处，等于没有灵魂的人的躯壳。第二，软件和硬件相互融合、相互渗透、相互促进的趋势越来越明显。硬件软化（微程序即是一例）可以增强系统功能和适应性。软件硬化能有效发挥硬件成本日益降低的优势。随着大规模集成电路技术的发展和软件硬化的趋势，软硬件之间明确的划分已经显得比较困难了。

第二章　计算机理论

第一节　计算机理论中的毕达哥拉斯主义

现代计算机理论源于古希腊毕达哥拉斯主义和柏拉图主义，是毕达哥拉斯数学自然观的产物。计算机结构体现了数学助发现原则。现代计算机模型体现了形式化、抽象性原则。自动机的数学、逻辑理论都是人们寻求计算机背后的数学核心顽强努力的结果。

现代计算机理论不仅包含计算机的逻辑设计，还包含后来的自动机理论的总体构想与模型（自动机是一种理想的计算模型，即一种理论计算机，通常它不是指一台实际运作的计算机，但是按照自动机模型，可以制造出实际运作的计算机）。现代计算机理论是高度数字化、逻辑化的。如果探究现代计算机理论思想的哲学方法论源泉，我们可以发现，它是源于古希腊毕达哥拉斯主义和柏拉图主义的，是毕达哥拉斯数学自然观的产物。

一、毕达哥拉斯主义的特点

毕达哥拉斯主义是由毕达哥拉斯学派所创导的数学自然观的代名词。数学自然观的基本理念是“数乃万物之本源”。具体地说，毕达哥拉斯主义者认为：“数学和谐性”是关于宇宙基本结构的知识的本质核心，在我们周围自然界那种富有意义的秩序中，必须从自然规律的数学核心中寻找它的根源。换句话说，在探索自然定律的过程中，“数学和谐性”是有力的启发性原则。

毕达哥拉斯主义的内核是唯有通过数和形才能把握宇宙的本性。毕达哥拉斯（Pythagoras）的弟子菲洛劳斯（Philolaus）说过：“一切可能知道的事物，都具有数，因为没有数而想象或了解任何事物是不可能的。”毕达哥拉斯学派把适合于现象的抽象的数学上的关系，当作事物何以如此的解释，即从自然现象中抽取现象之间和谐的数学关系。“数学和谐性”假说具有重要的方法论意义和价值。因此，如果和谐的宇宙是由数构成的，那么自然的和谐就是数的和谐，自然的秩序就是数的秩序。

这种观念令后世科学家不懈地去发现自然现象背后的数量秩序，不仅对自然规律作出定性描述，还作出定量描述，取得了一次次重大成功。

柏拉图发展了毕达哥拉斯主义的数学自然观。在《蒂迈欧篇》中，柏拉图描述了由几何和谐组成的宇宙图景，他试图表明，科学理论只有建立在数量的几何框架上，才能揭示瞬息万变的现象背后永恒的结构和关系。柏拉图认为自然哲学的首要任务，在于探索隐藏在自然现象背后的可以用数和形来表征的自然规律。

二、现代计算机结构是数学启发性原则的产物

1945 年，题为《关于离散变量自动电子计算机（Electronic Discrete Variable Automatic Computer, EDVAC）的草案》的报告具体介绍了制造电子计算机和程序设计的新思想。1946 年 7、8 月间，冯·诺伊曼和戈德斯汀（Herman Goldstine）、亚瑟·勃克斯（Arthur Burks）在 EDVAC 方案的基础上，为普林斯顿大学高级研究所研制 IAS 计算机时，又提出了一个更加完善的设计报告——《电子计算机逻辑设计初探》。以上两份既有理论又有具体设计的文件，首次在世界上掀起了一股“计算机热潮”，它们的综合设计思想标志着现代电子计算机时代的真正开始。

这两份报告确定了现代电子计算机的范式由以下几部分构成：第一，运算器；第二，控制器；第三，存储器；第四，输入；第五，输出。就计算机逻辑设计上的贡献，第一台计算机 ENIAC 研究小组组织者戈德斯汀曾这样写道：“就我所知，冯·诺伊曼是第一个把计算机的本质理解为行使逻辑功能，而电路只是辅助设施的人。他不仅是这样理解的，而且详细精确地研究了这两个方面的作用以及相互的影响。”

计算机逻辑结构的提出与冯·诺伊曼把数学和谐性、逻辑简单性看作一种重要的启发原则是分不开的。在 20 世纪 30 到 40 年代，香农（Claude Elwood Shannon）的信息工程、图灵（Alan Mathison Turing）的理想计算机理论、奥特维（Rudolf Ortvay）对人脑的研究引发了冯·诺伊曼对信息处理理论的兴趣。1943 年，麦卡洛克（Warren McCullough）和皮茨（Walter Pitts）的《神经活动中思想内在性的逻辑演算》一文发表后，他们把数学规则应用于大脑信息过程的研究给冯·诺伊曼留下了深刻的印象。该论

文用麦卡洛克在早期对精神粒子研究中发展出来的公理规则，皮茨从卡尔纳普（Paul Rudolf Carnap）的逻辑演算，以及罗素（Bertrand Arthur William Russell）、怀特海（Alfred North Whitehead）合著的《数学原理》发展出来的逻辑框架，表征了神经网络的一种简单的逻辑演算方法。他们的工作使冯·诺伊曼看到了将人脑信息过程数学定律化的潜在可能。当麦卡洛克和皮茨继续发展他们的思想时，冯·诺伊曼开始沿着自己的方向独立研究，使他们的思想成为其自动机逻辑理论的基础。

在《控制与信息严格理论》一文的开头部分，冯·诺伊曼讨论了麦卡洛克、皮茨的《神经活动中思想内在性的逻辑演算》以及图灵在通用计算机上的工作，认为这些想象的机器都是与形式逻辑共存的。也就是说，自动机所能做的都可以用逻辑语言来描述，反之，所有能用逻辑语言严格描述的也可以由自动机来做。他认为，麦卡洛克、皮茨是用一种简单的数学逻辑模型来讨论人的神经系统，而不是局限于神经元真实的生物与化学性质的复杂性。

冯·诺伊曼在1945年有关EDVAC机的设计方案中，所描述的存储程序计算机便是由麦卡洛克和皮茨设想的“神经元”构成的。受麦卡洛克和皮茨理想化神经元逻辑设计的启发，冯·诺伊曼设计了一种理想化的开关延迟元件。这种理想化计算元件的使用有以下两个作用：第一，它能使设计者把计算机的逻辑设计与电路设计分开。在ENIAC的设计中，设计者们也提出过逻辑设计的规则，但是这些规则与电路设计规则相互联系、相互纠结。有了这种理想化的计算元件，设计者就能把计算机的纯逻辑要求与技术状况（材料和元件的物理局限等）所提出的要求区分开来考虑。第二，理想化计算元件的使用也为自动机理论的建立奠定了基础。理想化元件的设计可以借助数理逻辑的严密手段来实现，能够抽象化、理想化。

冯·诺伊曼的朋友兼合作者乌拉姆（Stanislaw Marcin Ulam）也曾这样描述过他：“冯·诺伊曼是不同的。他有几种十分独特的技巧（很少有人能具有多于2、3种的技巧），其中包括线性算子的符号操作。他也有一种对逻辑结构和新数学理论的构架、组合超结构的，捉摸不定的‘普遍意义下’的感觉。在很久以后，当他变得对自动机的可能性理论感兴趣时，当他着手研究电子计算机的概念和结构时，这些东西派上了用处。”

三、自动机模型中体现的抽象化原则

现代自动机模型也体现了毕达哥拉斯主义的抽象性原则。在《自动机理论：建造、自繁殖、齐一性》这部著作中，计算机研究者们提出了对自动机的总体设想与模型，一共设想了五种自动机模型：动力模型、元胞模型、兴奋-阈值-疲劳模型、连续模型和概率模型。为了后面的分析，我们先简要介绍这五种模型。

第一种模型是动力模型。动力模型处理运动、接触、定位、融合、切割、几何动力问题，但不考虑力和能量。动力模型最基本的成分是：储存信息的逻辑（开关）元素与记忆（延迟）元素、提供结构稳定性的梁、感知环境中物体的感觉元素、使物体运动的动力元素、连接和切割元素。这类自动机有八个组成部分：刺激器官、共生器官、抑制器官、刺激生产者、刚性成员、融合器官、切割器官、肌肉。其中四个部分用来完成逻辑与信息处理过程：刺激器官接受并传输刺激，它分开接受刺激，即实现“p 或 q”的真值；共生器官实现“p 和 q”的真值；抑制器官实现“p 和 q”的真值；刺激生产者提供刺激源。刚性成员为构建自动机提供刚性框架，它们不传递刺激，可以与同类成员相连接，也可以与非刚性成员相连接，这些连接由融合器官来完成。当这些器官被刺激时，融合器官把它们连接在一起，这些连接可以被切割器官切断。第八个部分是肌肉，用来产生动力。

第二种模型是元胞模型。在该模型中，空间被分解为一个个元胞，每个元胞包含同样的有限自动机。冯·诺伊曼把这些空间称为“晶体规则”“晶体媒介”“颗粒结构”以及“元胞结构”。对于自繁殖的元胞结构形式，冯·诺伊曼选择了正方形的元胞无限排列形式。每个元胞拥有 29 态有限自动机。每个元胞直接与它的 4 个相邻元胞以延迟一个单位时间交流信息，它们的活动由转换规则来描述（或控制）。29 态包含 16 个传输态、4 个合流态、1 个非兴奋态、8 个感知态。

第三种模型是兴奋-阈值-疲劳模型，它建立在元胞模型的基础上。元胞模型的每个元胞拥有 29 态，冯·诺伊曼模拟神经元胞拥有疲劳和阈值机制来构造 29 态自动机，因为疲劳在神经元胞的运作中起了重要的作用。兴奋-阈值-疲劳模型比元胞模型更接近真正的神经系统。一个理想的兴奋-阈值-疲劳神经元胞有指定的开始期及不应期。不应期分为两个部分：绝对不应期和相对不应期。如果一个神经元胞不是疲劳的，当激活输入值等于或超过其临界点时，它将变得兴奋。当神经元胞兴奋时，将发生两种状况：第一，在一定的延迟后发出输出信号、不应期开始时，神经元胞在绝对不应期内不能变得兴奋；第二，当且仅当激活输入数等于或超过临界点时，神经元胞在相对不应期内可以变得兴奋。当兴奋-阈值-疲劳神经元胞变得兴奋时，必须记住不应期的时间长度，用这个信息去阻止输入刺激对自身的平常影响。于是这类神经元胞并用开关、延迟输出、内在记忆以及反馈信号来控制输入信号，这样的装置实际上就是一台有限自动机。

第四种模型是连续模型。连续模型以离散系统开始，以连续系统继续，先发展自增殖的元胞模型，然后划归为兴奋-阈值-疲劳模型，最后用非线性偏微分方程来描述它。自繁殖的自动机的设计与这些偏微分方程的边际条件相对应。连续模型与元胞模型的区别就像模拟计算机与数字计算机的区别一样，模拟计算机是连续系统，而数字计算机是离散系统。

第五种模型是概率模型。研究者们认为自动机在各种态上的转换是随机的而不是确定性的。在转换过程有产生错误的概率，发生变异，机器运算的精确性将降低。《概率逻辑与从不可靠元件到可靠组织的综合》一文探讨了概率自动机，探讨了在自动机合成中逻辑错误所起的作用。对待错误，不能把它当作额外的、由于误导而产生的事故，而是要把它当作思考过程中的一部分，在合成计算机中，它的重要性与对正确的逻辑结构的思考的重要性一样。

从以上自动机理论中可以看出，冯·诺伊曼对自动机的研究是从逻辑和统计数学的角度切入的，而非心理学和生理学。他既关注自动机构造问题，也关注逻辑问题，始终把心理学、生理学与现代逻辑学相结合，注重理论的形式化与抽象化。《自动机理论：建造、自繁殖、齐一性》开头第一句话就这样写道："自动机的形式化研究是逻辑学、信息论以及心理学研究的课题，单独从以上某个领域来看都不是完整的。所以，要形成正确的自动机理论必须从以上三个学科领域吸收其思想观念。"他对自然自动机和人工自动机运行的研究，都为自动机理论的形式化、抽象化部分提供了经验素材。

冯·诺伊曼在提出动力学模型后，对这个模型并不满意，因为该模型仍然以具体的原材料的吸收为前提，这使得详细阐明元件的组装规则、自动机与环境之间的相互作用以及机器运动的很多精确的简单规则变得非常困难。这也让冯·诺伊曼意识到，该模型没有把过程的逻辑形式和过程的物质结构很好地区分开来。作为一个数学家，冯·诺伊曼想要的是完全形式化的抽象理论，他与著名的数学家乌拉姆探讨了这些问题，乌拉姆建议他从元胞的角度来考虑。冯·诺伊曼接受了乌拉姆的建议，于是建立了元胞自动机模型。该模型既简单抽象，又可以进行数学分析，很符合冯·诺伊曼的意愿。

冯·诺伊曼是第一个把注意力从研究计算机、自动机的机械制造转移到逻辑形式上的计算机专家，他用数学和逻辑的方法揭示了生命的本质方面——自繁殖机制。在元胞自动机理论中，他还研究了自繁殖的逻辑，并天才地预见到，自繁殖自动机的逻辑结构在活细胞中也存在，这都体现了毕达哥拉斯主义的数学理性。冯·诺伊曼最先把图灵通用计算机概念扩展到自繁殖自动机，他的元胞自动机模型，把活的有机体设想为自繁殖网络并第一次提出为其建立数学模型，也体现了毕达哥拉斯主义通过数和形来把握事物特征的思想。

四、自动机背后的数学和谐性追求

自动机的研究工作基于古老的毕达哥拉斯主义的信念——追求数学和谐性。冯·诺伊曼在早期的计算机逻辑和程序设计的工作中，就意识到数理逻辑将在新的自动机理论中起着非常重要的作用，即自动机需要恰当的数学理论。他在研究自动机理论时，注意到了数理逻辑与自动机之间的联系。从上面关于自动机理论的介绍中可以看出，他的第一个自增殖模型是离散的，后来又提出了一个连续模型和概率模型。从自动机背后的数学理论中可以看出，讨论重点从离散数学逐渐转移到连续数学，在讨论了数理逻辑之后，转而讨论了概率逻辑，这都体现了研究者对自动机背后数学和谐性的追求。

在冯·诺伊曼撰写关于自动机理论时，他对数理逻辑与自动机的紧密关系已非常了解。哥德尔（Kurt Gödel）通过表明逻辑的最基本的概念（如合式公式、公理、推理规则、证明）在本质上是递归的，他把数理逻辑还原为计算理论，认为递归函数是能在图灵机上进行计算的函数，所以可以从自动机的角度来看待数理逻辑。反过来，数理逻辑亦可用于自动机的分析和综合。自动机的逻辑结构能用理想的开关-延迟元件来表示，然后翻译成逻辑符号。不过，冯·诺伊曼意识到，自动机的数学与逻辑的数学在形式特点上是有所不同的。他认为现存的数理逻辑虽然有用，但对于自动机理论来说是不够的。他相信一种新的自动机逻辑理论将兴起，它与概率理论、热力学和信息理论类似并有着紧密的联系。

20 世纪 40 年代晚期，冯·诺伊曼在美国加州帕赛迪纳的海克森研讨班上做了一系列演讲，演讲的题目是《自动机的一般逻辑理论》，这些演讲对自动机数学逻辑理论做了探讨。在 1948 年 9 月的专题研讨会上，冯·诺伊曼在宣读《自动机的一般逻辑理论》时说道："请大家原谅我出现在这里，因为我对这次会议的大部分领域来说是外行。甚至在有些经验的领域——自动机的逻辑与结构领域，我的关注也只是在一个方面——数学方面。我将要说的也只限于此。我或许可以给你们一些关于这些问题的数学方法。"

冯•诺伊曼认为在目前还没有真正拥有自动机理论，即恰当的数理逻辑理论，他对自动机的数学与现存的逻辑学做了比较，并提出了自动机新逻辑理论的特点，指出了缺乏恰当数学理论所造成的后果。

（一）自动机数学中使用分析数学方法，而形式逻辑是组合的

自动机数学中使用分析数学方法有方法论上的优点，而形式逻辑是组合的。从技术上讲，形式逻辑是数学中最难驾驭的部分之一。原因在于，它处理严格的全有或全无概念，它与实数或复数的连续性概念没有什么联系，即与数学分析没有什么联系。而从技术上讲，分析是数学最成功、最精致的部分。因此，形式逻辑由于它的研究方法与数学的最成功部分的方法不同，只能成为数学领域的最难部分，只能是组合的。

冯•诺伊曼指出，比起过去和现在的形式逻辑（指数理逻辑）来，自动机数学的全有或全无性质很弱。它的组合性极少，分析性却较多。事实上，有大量迹象可使我们相信，这种新的形式逻辑系统接近于别的学科，这个学科过去与逻辑少有联系。也就是说，具有玻尔兹曼（Ludwig Edward Boltzmann）所提出的那种形式的热力学，它在某些方面非常接近控制和测试信息的理论物理学部分，多半是分析的，而不是组合的。

（二）自动机逻辑理论是随机的，而数理逻辑是确定性的

冯•诺伊曼认为，在自动机理论中，有一个必须解决好的主要问题，就是如何处理自动机出现故障的概率的问题，该问题是不能用通常的逻辑方法解决的，因为数理逻辑只能进行理想化的开关-延迟元件的确定性运算，而没有处理自动机故障的概率的逻辑。因此，在对自动机进行逻辑设计时，仅用数理逻辑是不够的，还必须使用概率逻辑，把概率逻辑作为自动机运算的重要部分。冯•诺伊曼还认为，在研究自动机的功能上，必须注意形式逻辑以前从没有出现的状况。既然自动机逻辑中包含故障出现的概率，那么我们就应该考虑运算量的大小。数理逻辑通常考虑的是，是不是能借助自动机在有穷步骤内完成运算，而不考虑运算量有多大。但是，从自动机出现故障的实际情况来看，运

算步骤越多，出故障（或错误）的概率就越大。因此，在计算机的实际应用中，我们必须关注计算量的大小。在冯·诺伊曼看来，计算量的理论和计算出错的可能性既涉及连续数学，又涉及离散数学。

就整个现代逻辑而言，唯一重要的是一个结果是否在有限几个基本步骤内得到。而另一方面，形式逻辑不关心这些步骤有多少。无论步骤数是大还是小，都没什么影响。在处理自动机时，这个状况必须作有意义的修改。

就一台自动机而言，不仅在有限步骤内要达到特定的结果，而且要知道这样的步骤需要多少步，这有两个原因：第一，制造自动机是为了在某些提前安排的区间里达到某些结果；第二，每个单独运算中，采用的元件的大小都有失败的可能性，而不是零概率。在比较长的运算链中，个体失败的概率加起来可以（如果不检测）达到一个单位量级——在这个量级点上它得到的结果完全不可靠。这里涉及的概率水平十分低，而且在一般技术经验领域内排除它也并不是不可能的。高速计算机器要求的可靠性更高，但实际可达到的可靠性与上面提及的最低要求相差甚远。

也就是说，自动机的逻辑在两个方面与现有的形式逻辑系统不同：一是“推理链”的实际长度，也就是说，要考虑运算的链；二是逻辑运算（三段论、合取、析取、否定等在自动机的术语里分别是门、共存、反-共存、中断等行为）必须被看作容纳低概率错误（功能障碍）而不是零概率错误的过程。

所有这些，重新强调了前面所指的结论：我们需要一个详细的、高度数字化的、更典型的、更具有分析性的自动机与信息理论。缺乏自动机逻辑理论是一个限制我们的重要因素。我们如果没有先进而且恰当的自动机和信息理论，就不可能建造出比我们现在熟知的自动机具有更高复杂性的机器，就不太可能产生更具有精确性的自动机。

以上是冯·诺伊曼对现代自动机理论数学、逻辑理论方法的探讨。他用数学和逻辑形式的方法揭示了自动机本质的方面，为计算机科学特别是自动机理论奠定了数学、逻辑基础。总之，冯·诺伊曼对自动机数学的分析开始于数理逻辑，并逐渐转向分析数学，转向概率论，最后讨论了热力学。通过这种分析建立的自动机理论，能使我们把握复杂自动机的特征，特别是人的神经系统的特征。数学推理是由人的神经系统实施的，而数学推理借以进行的“初始”语言类似于自动机的初始语言。因此，自动机理论将影响逻辑和数学的基本概念，这是很有可能的。冯·诺伊曼说：“我希望，对神经系统所做的更深入的数学研讨……将会影响我们对数学自身各个方面的理解。事实上，它将会改变我们对数学和逻辑学的固有的看法。”

现代计算机的逻辑结构以及自动机理论中对数学、逻辑的种种探讨，都是寻求计算机背后的数学核心的顽强努力。数学助发现原则以及逻辑简单性、形式化、抽象化原则都在计算机研究中得到了充分的应用，这都体现了毕达哥拉斯主义数学自然观的影响。

第二节　计算机软件的应用理论

随着时代的进步、科技的革新，我国在计算机领域已经取得了很大的成就，计算机网络技术的应用给人类社会的发展带来了巨大变化，提高了现代社会的构建速度。本节针对计算机软件的应用理论进行了详细的阐述及深刻的探讨，以此来提高我国计算机领域的技术人员对计算机软件工程项目创新与完善工作的重视程度，使他们可以正确对待关于计算机软件的应用理论研究探讨工作，从根本上掌握计算机软件的应用理论，进而提高他们对计算机软件应用理论的掌握程度，使他们研究出新的计算机软件技术。

一、计算机软件工程

当今时代，信息化快速推进，给人类生产生活方式带来深刻变革，计算机网络技术的不断进步在很大程度上影响着人类的生活。计算机在未来将会更加趋于智能化发展，智能化社会的构建将会给人们带来很多新的体验。而计算机软件工程作为计算机技术中比较重要的一个环节，肩负着重大的技术革新使命。目前，计算机软件工程技术已经在我国的诸多领域中得到了应用，并发挥了巨大作用，该技术工程的社会效益和经济效益的不断提高将会从根本上促进我国总体经济发展水平的提升。总的来说，我国开展计算机软件工程管理项目，根本原因在于给计算机软件工程的发展提供一个更为坚固的保障。

计算机软件工程的管理工作同社会上的其他项目管理工作具有较大差别。一般项目工程的管理工作的执行对管理人员的专业技术要求并不高，难度也处于中等水平。但计算机软件工程项目的管理工作对项目管理的相关工作人员的职业素养要求十分高，管理人员必须具备较强的计算机软件技术，才能够在软件管理工作中完成一些难度较大的工作，进而维护计算机软件工程项目的正常运行。为了能够更好地帮助管理人员学习计算机软件相关知识，企业应当为管理人员开设相应的计算机软件应用理论课程，从而使其可以全方位了解计算机软件的相关知识。

计算机软件应用理论是计算机的一个学科分系，可以帮助人们更好地了解计算机软件的产生以及用途，从而方便人们对计算机软件的使用。在计算机软件应用理论中，计算机软件被分为两类：一是系统软件，二是应用软件。系统软件顾名思义是由系统、系统相关的插件以及驱动等所组成的。例如，我们在生活中所常用的 Windows7、Windows8、Windows10 以及 Linux 系统、Unix 系统等均属于系统软件。此外，我们在手机中所使用的塞班系统、Android 系统以及 iOS 系统等也属于系统软件，甚至华为公司所研发的鸿蒙系统也是系统软件。系统软件不但包含诸多的电脑系统、手机系统，而且包含一些插件。例如，我们常听说的某某系统的汉化包、扩展包等也属于系统软件。同时，一些电脑中以及手机中所使用的驱动程序也是系统软件的类型之一。例如，电脑中用于显示的显卡驱动、用于发声的声卡驱动，以及用于连接以太网、Wi-Fi 的网卡驱动等。而应用软件则可以理解为除了系统软件之外的软件。

二、计算机软件开发现状分析

虽然随着信息化时代的到来，我国涌现出了许多的计算机软件工程相应的专业性人才，但是目前我国的计算机软件开发仍存在许多问题，如缺乏需求分析、没有较好地完成可行性分析等。下面，笔者将对计算机软件开发现状进行详细分析。

（一）没有真正明白用户需求

在计算机软件开发过程中最为严重的问题就是没有真正明白用户需求。在进行计算机软件的编译过程中，我们所采用的方式一般都是面向对象进行编程，从字面意思中我们可以明确地了解到用户的需求对软件所开发的功能起决定性作用。同时，在进行软件开发前，我们也需要针对软件的功能等进行需求分析文档的建立。在这个过程中，我们需要考虑到本款软件是否需要开发，以及在开发软件的过程中我们需要设计怎样的功能，而这一切都取决于用户的需求。只有可以满足用户的一切合理需求的软件才是真正意义上的优质软件。若没有明白用户的需求就盲目开发，那么在对软件的功能进行设计时将会出现一定的重复、不合理等现象，同时经过精心制作的软件也会由于没有满足用户的需求而得不到大众的认可。因此，在进行软件设计时，真正明白用户的需求是十分必要的。

（二）缺乏核心技术

在现阶段的软件开发过程中还存在缺乏核心技术的现象。与一些发达国家相比，我国在计算机领域的研究开展得较晚，一些核心技术也较为落后，并且我国的大部分编程人员所使用的编程软件的源代码也都是西方国家所有。因此，我国的软件开发过程中存在极为严重的缺乏核心技术的问题。这不但会导致我国所开发出的一些软件在质量上与国外的软件存在着一定差异，而且会使我国所研发的软件缺少一定的创新性。这同时也是我国所研发的软件时常会出现更新以及补丁修复等现象的原因所在。

（三）没有合理地制定软件开发进度与预算

我国的软件开发现状还存在没有合理地制定软件开发进度与预算的问题。在前文中，我们曾提到在进行软件设计、开发前，我们首先需要做好相应的需求分析文档。在做好需求分析文档的同时，我们还需要制作相应的可行性分析文档。在可行性分析文档中，我们需要详细地规划出软件设计所需的时间以及预算，并制定相应的软件开发进度。在制作完成可行性分析文档后，软件开发的相关人员需要严格按照文档中的规划进行开发，否则这将会对用户的使用以及研发资金的投入造成严重的影响。

（四）没有良好的软件开发团队

同时，我国的计算机软件开发还存在没有良好的软件开发团队的问题。在进行软件开发时，需要详细地设计计算机软件的前端、后台以及数据库等相关方面，并且在进行前端的设计过程中也需要划分美工的设计、排版的设计以及内容与数据库连接的设计，在后台中同时也需要区分为数据库连接、前端连接以及各类功能算法的实现和各类事件响应的生成。因此，在软件的开发过程中拥有一个良好的软件研发团队是极为必要的。

这不但可以帮助软件开发人员减少软件开发的所需时间，而且可以有效提高软件的质量，使其更加符合用户的需求。而我国的软件开发就存在没有良好的软件开发团队的问题。这个问题主要是由于在我国的软件开发团队中，许多技术人员缺乏高端软件的开发经验，同时许多技术人员都具有相同的擅长之处。同时，技术人员缺乏一定的创新性也是造成我国缺少良好的软件开发团队的主要原因之一。

（五）没有重视产品调试与宣传

在我国的软件开发中还存在没有重视产品的调试与宣传的问题。在前文中，曾提到在进行软件开发工作前，我们首先需要制作需求分析文档和可行性分析文档。在完成相应的软件开发后，我们同样需要完成软件测试文档的制作，并在文档中详细地记录在软件调试环节中所使用的软件测试方法以及测试功能与结果。在软件测试中常用的方式有白盒测试以及黑盒测试。通过这两种测试方式，我们可以了解到软件中的各项功能是否可以正常运行。此外，在完成软件测试文档后，我们还需要对所开发的软件进行宣传，从而使软件可以被众人了解。而在我国的软件开发中，许多软件开发者只注重软件开发的过程而忽略了软件开发的测试阶段，这将会导致软件出现一定的功能性问题，如一些功能由于逻辑错误等无法正常使用，或是一些其他问题。而忽略了宣传阶段，则会导致软件无法被大众了解、使用，这将会导致软件开发无法达到其开发目的，从而造成一些科研资源、人力资源的浪费。

三、计算机软件开发技术的应用研究

计算机软件开发技术主要体现在 Internet 的应用和网络通信的应用两方面。互联网技术的不断成熟，使通信技术打破了时间、空间的限制。互联网技术的迅速发展使我国同其他国家之间的联系变得更加密切，加速了构建“地球村”的步伐。与此同时，网络通信技术的发展也离不开计算机软件技术，计算机软件技术的不断发展给通信领域带来了巨大的革新，将通信领域中的信息设备引入计算机软件开发的工程作业中，可以促进信息化时代单位数字化发展，从根本上提高我国整体行业领域的发展速度。相信不久之后我国的计算机软件技术将会发展得越来越好，并逐渐向网络化、智能化、融合化方向靠拢。

当下我国计算机技术已经取得了突破性进展，这种社会背景下，计算机软件的种类不断增加，多样化的计算机软件可以满足人类社会生活中的各种生活需求，使得人类社会生活能够不断趋于现代化。为了能够从根本上满足我国计算机软件工程发展中的需求，给计算机软件工程的进一步发展提供有效发展空间，我国必须更加重视计算机软件工程项目，鼓励从事计算机软件工程项目研究的技术人员不断提高自身对计算机软件应用知识的掌握程度，制定出有效的管理体制，进而从根本上提高计算机软件工程项目运行的质量水平，为计算机技术领域的发展做铺垫。

第三节　计算机辅助教学理论

计算机辅助教学有助于教育改革和创新，促进了我国教育事业的发展。本节主要分析了计算机辅助教学的概念、计算机辅助教学的实践内容、计算机辅助教学对实际教学的影响，希望对今后研究计算机辅助教学有一定的借鉴作用。

一、计算机辅助教学的概念

计算机辅助教学就是在课堂上教师利用计算机的教学软件来对课堂内容进行设计，而学生通过教师设计的软件内容来对相关的知识进行学习；也可以理解为计算机辅助或者取代教师对学生进行知识的传授以及相关知识的训练。也可以这么说，计算机辅助教学是利用教学软件把课堂上讲解的内容和计算机进行结合，把相关的内容用编程的方式输入计算机，这样一来，学生在对相关的知识内容进行学习的时候，可以采用和计算机互动的方式来进行学习。教师利用计算机可以丰富课堂教学方式，为学生创造一个更加丰富的教学氛围。在这种氛围下，学生可以通过计算机间接地和教师进行交流。我们可以理解为，计算机辅助教学是用演示的方式来进行教学，但是演示并不是计算机辅助教学的全部特点。

二、计算机辅助教学的实践内容

（一）计算机辅助教学的具体方式

在我国，一般学校主要采用的一种课堂教学形式就是教师面对学生进行教学，这种教学形式已经存在了很多年，它有其存在的价值和意义。因为在教师教育学生的过程中，教师和学生的互相交流是非常重要的，学生和学生之间的互相学习也必不可少，这种人与人之间情感上的影响和互动是计算机无法取代的，所以计算机只能成为一个辅助的角色来为这种教学形式服务。计算机辅助教学是可以帮助课堂教学提升教学质量的，但是计算机辅助教学不一定要仅仅体现在课堂上。我们都知道教师给学生传授知识的过程分为学生预习、教师备课、课堂传授知识。在这个过程中，计算机辅助教学完全可以针对这个过程的单个环节来进行服务。例如，在教师备课这个环节，计算机完全可以提供一些专门的备课软件和系统，虽然这种备课的软件服务的是教师，但是它却可以有效提升教师备课的效率和质量，使教师可以更好地组织授课内容，这其实也是从另外一个角度来对学生进行服务，因为教师的备课效率提高，最终受益的还是学生。再比如说，计算机针对学生预习和自习这个环节来进行服务和帮助，可以把教师的一些想法和考虑与计算机的相关教学软件结合起来，使学生在利用计算机进行自习和预习的同时也得到教师的教育。这样一来就使学生自习和预习的效率及质量得到提高。

（二）利用计算机常用软件辅助教学

利用计算机进行辅助教学是需要一些专门的教学软件的，但是一些学校因为资金缺乏或者其他方面的原因，教学软件并不充足。这就使得一些学校出现了利用计算机系统常用软件来进行计算机辅助教学的情况。例如，一些学校利用 Microsoft Office 的 Word 软件作为学生写作练习的辅助工具，学生利用 Word 系统来进行写作练习，可以极大提升写作的效率和质量，这样一来就使得学生在课堂上有更多的时间来听教师的讲解，并且在学生写作的过程中，可以更加容易保持写作的专注度，使写作的思路更加顺畅，在提高学生思维能力的同时，也提高了学生的打字能力，促进了学生综合能力的提高。这种计算机辅助教学的形式也是很多学校在实践的过程中会用到的。

（三）利用计算机与学生进行互动教学

这种计算机辅助教学的方式就是利用计算机和学生的互动来进行辅助教学，这种辅助教学的方式把网络作为基础，利用相关的教学软件来具体辅助教学过程。针对不同学生和教师的具体需求，采用个性化的教学软件来进行服务以及配合，体现出计算机与学生进行互动的能力。另外，利用网络远程教学的形式特别适合一些想学习的成人，因为成人具备一定的知识选择能力、自我控制能力等，这种人机互动的计算机辅助教学方式特别适合他们这类人群。这种人机互动的教学模式是未来教育发展的一个主要方向，它可以使更多对知识有需要的人更容易、更方便地参与学习。当然这种形式还需要长期的实践来作为经验基础。但是笔者认为，计算机辅助教学毕竟不是教学的全部，它只是起到辅助作用，我们应该把计算机辅助教学放在一个合理的位置上去看待，而且计算机的辅助还应该是适度的。

三、计算机辅助教学对实际教学的影响

（一）对教学内容的影响

在实际的教学中，教学内容主要承担着传递知识的功能，学生主要通过教学内容来获得知识，提升自身的能力，以及学习相关的技能。计算机辅助教学的应用使得教学内容发生了一些形式和结构上的改变，并且计算机已经成为教师和学生都必须熟练掌握的一种现代化工具。

（二）对教学内容表现形式的影响

以往的教学内容主要是用文字来进行表述，并且还会有些配合文字出现的简单图形和表格，无法用声音和图像来对教学内容进行详细表达。后来，教学内容开始出现录像和录音的形式，这种表现形式也过于单一，无法满足学生的实际需求。现在通过计算机的辅助教学，可以从文本、图画、动画、音频、视频等各个方面来表现教学内容，把要表达和传递的知识和信息表现得更加具体和丰富。一些原本很难理解的文字性概念和定理，现在通过计算机来进行立体式的表达，会更加清晰，使学生更加容易理解。同时，

计算机辅助教学可以极大提升信息传递的效率，把教学内容用多种方式表达出来，满足不同学生的个性化需求。

（三）对教学组织形式的影响

1.结构上的改变

以往的教学都是采用班级教学的方式来进行的，班级教学主要是教师对学生进行知识的传授。在这个教学组织形式里，教师是主体，因为教学的内容和流程都是教师来设计和制定的。在整个教学过程中，学生都处于一个非常被动的位置。现代的教育理念提倡在课堂上以学生为主体，传统的教学组织形式已经不符合当今教育发展的要求，并且无法满足不同特点学生的个性化学习需求。而计算机辅助教学则会给这种教学组织形式带来根本性的改变，在整个教学组织形式中，教师不再是主体，学生的个性化需求也会得到满足。这种计算机辅助教学帮助下的教学组织形式可以突破时间和空间的限制，利用网络使教学形式更加开放，更加个体化及社会化。对知识的学习将不再局限于课堂上，教师所教授的学生也不再局限于一个教室的学生。学生学习知识的时候可以利用网络得到无限的资源，教师在进行知识传授的时候可以利用计算机网络得到无限的空间，并且在时间上也更加自由，不再固定在某个时间段。

2.对教学方法的影响

教学方法是教学过程中非常重要的一部分，每个教师在进行教学的时候都需要一套教学方法。以往的教学方法都侧重于教师在课堂上对学生进行知识的传授，而现今的教学方法则侧重于教师引导学生进行学习。这种引导式的教学方法可以有效提升学生的思维能力，并且能够让学生的学习积极性更强。通过将计算机辅助教学和引导式教学相结合，可以使引导式教学更加高效。例如，利用计算机来对教学内容进行演示，给学生提供视觉和听觉上更加直观的表达方式，使学生对教学内容的理解更加透彻。同时，利用计算机辅助教学可以有效加强学生和教师之间的交流以及学生和学生之间的交流，并且交流的内容不仅限于文字，还包括图片或者视频等内容，有助于培养学生的交流合作能力。另外，计算机辅助教学还可以把学生学习的重点引导向知识点之间的逻辑关系上，这样更有助于学生锻炼自身的思维能力，引导学生找到适合自身的学习风格和方式，培养学生的综合能力。

计算机辅助教学对促进我国教育起到了很大的作用，但是相对于发达国家来说，我们还有很大的差距和不足。我们应该努力开发和研究，不断完善这一教学方式，不断探索新的教学方法；同时，要将计算机辅助教学与课堂实际教学更好地结合，以更好地促进我国的教育改革和发展。

第三章　计算机信息安全技术

计算机技术的发展日新月异，Internet 在世界范围的普及，把人类推向一个崭新的信息时代。然而，人们在欣喜地享用这些高科技新成果的同时，却不得不对另一类普遍存在的社会问题产生越来越大的顾虑和不安，这就是信息安全问题。为了保证计算机系统的安全性，必须系统、深入地研究计算机信息安全技术。

第一节　计算机系统安全概述

一、计算机系统面临的威胁和攻击

计算机系统面临的威胁和攻击，大体上可以分为两种：一种是对实体的威胁和攻击，另一种是对信息的威胁和攻击。计算机犯罪和计算机病毒则包括对计算机系统实体和信息两方面的威胁和攻击。

（一）对实体的威胁和攻击

对实体的威胁和攻击主要指对计算机及其外部设备和网络的威胁和攻击，如各种自然灾害、人为破坏、设备故障、电磁干扰、战争破坏及各种媒介的被盗和丢失等。对实体的威胁和攻击，不仅会造成国家财产的重大损失，而且会使系统的机密信息被严重破坏和泄露。因此，对系统实体的保护是防止信息威胁和攻击的首要一步，也是防止信息威胁和攻击的天然屏障。

（二）对信息的威胁和攻击

对信息的威胁和攻击主要有两种，即信息泄露和信息破坏。信息泄露是指偶然地或故意地获得（侦收、截获、窃取或分析破译）目标系统中的信息，特别是敏感信息，造成信息泄露事件。信息破坏是指由于偶然事故或人为破坏，使信息的正确性、完整性和可用性受到破坏，如系统的信息被修改、删除、添加、伪造或非法复制，造成大量信息的破坏、修改或丢失。

对信息进行人为的故意破坏或窃取称为攻击，根据攻击的方法不同，可分为被动攻击和主动攻击两类。

1.被动攻击

被动攻击是指一切窃密的攻击。它在不干扰系统正常工作的情况下进行侦收、截获、窃取系统信息，以便破译分析；利用观察信息、控制信息的内容来获得目标系统的位置、身份；利用研究机密信息的长度和传递的频度获得信息的性质。被动攻击不容易被用户察觉，因此它的攻击持续性和危害性都很大。被动攻击的主要方法有直接侦收、截获信息、合法窃取、破译分析及从遗弃的媒介中分析获取信息。

2.主动攻击

主动攻击是指窜改信息的攻击。它不仅能窃密，而且会威胁信息的完整性和可靠性。它是以各种各样的方式，有选择地修改、删除、添加、伪造和重排信息内容，造成信息破坏。主动攻击的主要方式有窃取并干扰通信线路中的信息、返回渗透、线间插入、非法冒充及系统人员的窃密和毁坏系统信息的活动等。

计算机犯罪是利用暴力和非暴力形式，故意泄露或破坏系统中的机密信息，以及危害系统实体和信息安全的不法行为。暴力形式是对计算机设备和设施进行物理破坏，如使用武器摧毁计算机设备、炸毁计算机中心建筑等。而非暴力形式是利用计算机技术知识及其他技术进行犯罪活动，它通常采用下列技术手段：线路窃收、信息捕获、数据欺骗、异步攻击、漏洞利用和伪造证件等。

目前全世界每年被计算机罪犯盗走的资金达 200 多亿美元，许多发达国家每年损失几十亿美元，计算机犯罪造成的损失常常是常规犯罪的几十至几百倍。从 1986 年发现首例以来，Internet 上的黑客攻击以几何级数增长。计算机犯罪具有以下明显特征：采用先进技术、作案时间短、作案容易且不留痕迹、犯罪区域广、内部工作人员和青少年犯罪日趋严重等。

二、计算机系统安全的概念

计算机系统安全是指采取有效措施保证计算机、计算机网络及其中存储和传输信息的安全，防止因偶然或恶意的原因使计算机软硬件资源或网络系统遭到破坏及数据遭到泄露、丢失和窜改。

保证计算机系统的安全，不仅涉及安全技术问题，还涉及法律和管理问题，可以从以下三个方面保证计算机系统的安全。

（一）法律安全

法律是规范人们一般社会行为的准则，从形式上有宪法、法律、法规、法令、条令、条例和实施办法、实施细则等多种形式。有关计算机系统的法律、法规和条例在内容上大体可以分成两类，即社会规范和技术规范。

社会规范是调整信息活动中人与人之间行为的准则。要结合专门的保护要求来定义合法的信息实践，并保护合法的信息实践活动。不正当的信息活动会受到民法和刑法的限制或惩处。社会规范发布阻止任何违反规定要求的法令或禁令，明确系统人员和最终用户应该履行的权利和义务，包括宪法、保密法、数据保护法、计算机安全保护条例、计算机犯罪法等。

技术规范是调整人和物、人和自然界之间关系的准则。技术规范的内容十分广泛，包括各种技术标准和规程，如计算机安全标准、网络安全标准、操作系统安全标准、数据和信息安全标准、电磁泄漏安全极限标准等。这些法律和技术标准是保证计算机系统安全的依据。

（二）管理安全

管理安全是指通过增强相关人员的安全意识和制定严格的管理工作措施来保证计算机系统的安全，主要包括软硬件产品的采购、机房的安全保卫工作、系统运行的审计与跟踪、数据的备份与恢复、用户权限的分配、账号密码的设定与更改等方面。

许多计算机系统安全事故都是由管理工作措施不到位或相关人员疏忽造成的，如：自己的账号和密码不注意保密，导致被他人利用；随便使用来历不明的软件，造成计算机感染病毒；重要数据不及时备份，导致被破坏后无法恢复；等等。

（三）技术安全

计算机系统技术安全涉及的内容很多，尤其是在网络技术高速发展的今天。从使用出发，大体包括以下几个方面：

1.实体硬件安全

计算机实体硬件安全主要是指为保证计算机设备和通信线路及设施、建筑物的安全，预防地震、水灾、火灾、飓风和雷击，满足设备正常运行环境的要求，还包括电源供电系统及为保证机房的温度、湿度、清洁度、电磁屏蔽要求而采取的各种方法和措施。

2.软件系统安全

软件系统安全主要是针对所有计算机程序和文档资料，保证它们免遭破坏、非法复制和非法使用而采取的技术与方法，包括操作系统平台、数据库系统、网络操作系统和所有应用软件的安全，同时还包括口令控制、鉴别技术、软件加密、压缩技术、软件防复制及防跟踪技术等。

3.数据信息安全

数据信息安全主要是指为保证计算机系统的数据库、数据文件和所有数据信息免遭破坏、修改、泄露和窃取，为防止这些威胁和攻击而采取的一切技术、方法和措施。其中包括对各种用户的身份识别技术、口令或指纹验证技术、存取控制技术和数据加密技术及建立备份和系统恢复技术等。

4.网络站点安全

网络站点安全是指为了保证计算机系统中的网络通信和所有站点的安全而采取的各种技术措施，除了防火墙技术，还包括报文鉴别技术、数字签名技术、访问控制技术、加压加密技术、密钥管理技术，以及为保证线路安全或传输安全而采取的安全传输介质、网络跟踪和检测技术、路由控制隔离技术以及流量控制分析技术等。

5.运行服务安全

计算机系统运行服务安全主要是指安全运行的管理技术，它包括系统的使用与维护技术、随机故障维护技术、软件可靠性和可维护性保证技术、操作系统故障分析处理技术、机房环境检测维护技术、系统设备运行状态实测和分析记录等技术。以上技术的实施目的在于及时发现运行中的异常情况，及时报警，提示用户采取措施或进行随机故障维修和软件故障的测试与维修，或进行安全控制和审计。

6.病毒防治技术

计算机病毒威胁计算机系统安全，已成为人们的共识。要保证计算机系统的安全运行，除了采取运行服务安全技术措施，还要专门设置计算机病毒检测、诊断、杀除设施，并采取系统的预防方法防止病毒再入侵。计算机病毒的防治涉及计算机硬件实体、计算机软件、数据信息的压缩和加密、解密技术。

7.防火墙技术

防火墙是介于内部网络或 Web 站点与 Internet 之间的路由器或计算机，目的是提供安全保护，控制谁可以访问内部受保护的环境，谁可以从内部网络访问 Internet。Internet 的一切业务，从电子邮件到远程终端访问，都要受到防火墙的鉴别和控制。

第二节 计算机病毒

在网络发达的今天，计算机病毒已经有无孔不入、无处不在的趋势了。无论是上网，还是使用移动硬盘、U 盘都有可能使计算机感染病毒。计算机感染病毒后，就会出现计算机系统运行速度减慢、计算机系统无故发生死机、文件丢失或损坏等现象，给学习和工作带来许多不便。为了有效地、最大限度地防治病毒，学习计算机病毒的基本原理和相关知识是十分必要的。

一、计算机病毒的概念

计算机病毒在《中华人民共和国计算机信息系统安全保护条例》中被明确定义，是指“编制者在计算机程序中插入的破坏计算机功能或者破坏数据，影响计算机使用并且能够自我复制的一组计算机指令或者程序代码”。

计算机病毒其实就是一种程序，之所以把这种程序形象地称为计算机病毒，是因为其与生物医学上的“病毒”有类似的活动方式，同样具有传染和破坏的特性。

现在流行的病毒是由人编写的，多数病毒可以找到编写者和产地信息。从大量的统计分析来看，病毒编写的主要目的是：一些天才程序员为了表现自己和证明自己的能力，出于对上司的不满，为了好奇，为了报复，为了祝贺和求爱，为了得到控制口令，为了软件拿不到报酬预留的陷阱等；当然也有因政治、军事、宗教、民族、专利等方面的需求而专门编写的，其中也包括一些病毒研究机构和黑客的测试病毒。

计算机病毒一般不是独立存在的，而是依附在文件上或寄生在存储媒体中，能对计算机系统进行各种破坏；同时有独特的复制能力，能够自我复制；具有传染性，可以很快传播蔓延，当文件被复制或在网络中从一个用户传送到另一个用户时，它们就随同文件一起蔓延开来，常常难以根除。

二、计算机病毒的特征

计算机病毒作为一种特殊程序，一般具有以下特征：

（一）寄生性

计算机病毒寄生在其他程序之中，当执行这个程序时，病毒就起破坏作用，而在未启动这个程序之前，它是不易被人发觉的。

（二）传染性

是否具有传染性是判别一个程序是否为计算机病毒的最重要的条件。计算机病毒是一段人为编制的计算机程序代码，这段程序代码一旦进入计算机并得以执行，就会搜寻其他符合其传染条件的程序或存储介质，确定目标后再将自身代码插入其中，达到自我繁殖的目的。一台计算机只要感染病毒，如不及时处理，病毒就会在这台计算机上迅速扩散。计算机病毒可通过各种可能的渠道，如 U 盘、计算机网络去传染其他计算机。计算机病毒的传染性也包含其寄生性特征，即病毒程序是嵌入宿主程序中，依赖于宿主程序的执行而生存的。

（三）潜伏性

大多数计算机病毒程序在进入系统后一般不会马上发作，而是能够在系统中潜伏一段时间，悄悄地进行传播和繁衍，当满足特定条件时才启动其破坏模块，也称发作。这些特定条件主要有以下几种：某个日期时间；某种事件发生的次数，如病毒对磁盘访问次数、对中断调用次数、感染文件的个数和计算机启动次数等；某个特定的操作，如某种组合按键、某个特定命令、读写磁盘某扇区等。显然，潜伏性越好，病毒传染的范围就越大。

（四）隐蔽性

计算机病毒具有很强的隐蔽性，有的可以通过病毒软件检查出来，有的根本就查不出来，有的时隐时现、变化无常，这类病毒处理起来通常很困难。

（五）破坏性

计算机病毒在发作时，对计算机系统的正常运行都会有一些干扰和破坏作用，主要造成计算机运行速度变慢、占用系统资源、破坏数据等，严重的则可能导致计算机系统和网络系统的瘫痪。即使是所谓的“良性病毒”，虽然没有任何破坏动作，但也会侵占磁盘空间和内存空间。

三、计算机病毒的分类

对计算机病毒的分类有多种标准和方法，其中按照传播方式和寄生方式，可将病毒分为引导型病毒、文件型病毒、复合型病毒、宏病毒、脚本病毒、蠕虫病毒、“特洛伊木马”程序等。

（一）引导型病毒

引导型病毒是一种寄生在引导区的病毒，病毒利用操作系统的引导模块放在某个固定的位置，并且控制权的转交方式是以物理位置为依据，而不是以操作系统引导区的内容为依据，因而病毒占据该物理位置即可获得控制权，将真正的引导区内容“搬家”转移，待病毒程序执行后，将控制权交给真正的引导区内容，使得这个带病毒的系统看似正常运转，而病毒已隐藏在系统中并伺机传染、发作。

（二）文件型病毒

寄生在可直接被 CPU 执行的机器码程序的二进制文件中的病毒称为文件型病毒。文件型病毒会对计算机的源文件进行修改，使其成为新的带毒文件，一旦计算机运行该文件就会被感染，从而达到传播的目的。

（三）复合型病毒

复合型病毒是一种同时具备引导型病毒和文件型病毒某些特征的病毒。这类病毒查杀难度极大，所用的杀毒软件要同时具备查杀两类病毒的功能。

（四）宏病毒

宏病毒是一种寄生在 Office 文档中的病毒。宏病毒的载体是包含宏病毒的 Office 文档，传播的途径多种多样，可以通过各种文件发布途径进行传播，如光盘、Internet 文件服务等，也可以通过电子邮件进行传播。

（五）脚本病毒

脚本病毒通常是用脚本语言（如 JavaScript、VBScrip）代码编写的恶意代码，该病毒寄生在网页中，一般通过网页进行传播。该病毒通常会修改 IE 首页、修改注册表等信息，造成用户使用计算机不方便。“红色代码”和“欢乐时光”都是脚本病毒。

（六）蠕虫病毒

蠕虫病毒是一种常见的计算机病毒，与普通病毒有较大区别。该病毒并不专注于感染其他文件，而是专注于网络传播。该病毒利用网络进行复制和传播，传染途径是通过网络和电子邮件，在很短时间内蔓延整个网络，造成网络瘫痪。最初的蠕虫病毒定义是因为在 DOS（磁盘操作系统）环境下，病毒发作时会在屏幕上出现一条类似虫子的东西，胡乱吞吃屏幕上的字母并将其改形。“勒索病毒”和“求职信”都是典型的蠕虫病毒。

（七）“特洛伊木马”程序

“特洛伊木马”程序是一种秘密潜伏的能够通过远程网络进行控制的恶意程序。控制者可以控制被秘密植入木马的计算机的一切动作和资源，是恶意攻击者窃取信息等的工具。特洛伊木马没有复制能力，它的特点是伪装成一个实用工具或者一个有趣的游戏，这会诱使用户将其安装在自己的计算机上。

四、计算机病毒的危害

计算机病毒有感染性，它能广泛传播，但这并不可怕，可怕的是病毒的破坏性。一些良性病毒有可能干扰屏幕的显示，或使计算机的运行速度减慢；但一些恶性病毒会破坏计算机的系统资源和用户信息，造成无法弥补的损失。

无论是良性病毒，还是恶性病毒，计算机病毒总会给计算机的正常工作带来危害，这主要表现在以下两个方面：

（一）破坏系统资源

大部分病毒在发作时，都会直接破坏计算机的资源，如格式化磁盘、改写文件分配表和目录区、删除重要文件或者用无意义的垃圾数据改写文件等，轻则导致程序或数据丢失，重则造成计算机系统瘫痪。

（二）占用系统资源

寄生在磁盘上的病毒总要非法占用一部分磁盘空间，并且这些病毒会很快传染，在短时间内感染大量文件，造成磁盘空间的严重浪费。

大多数病毒在动态下都是常驻内存的，这就必然会抢占一部分系统资源。病毒所占用的基本内存长度大致与病毒本身长度相当。病毒抢占内存，导致内存减少，一部分软件不能运行。病毒除占用存储空间外，还抢占 CPU 和设备接口等系统资源，干扰了系统的正常运行，使正常运行的程序速度变得非常慢。

目前许多病毒都是通过网络传播的，某台计算机中的病毒可以通过网络在短时间内感染大量与之相连接的计算机。病毒在网络中传播时，占用了大量的网络资源，造成网络阻塞，使得正常文件的传输速度变得非常缓慢，严重的会引起整个网络瘫痪。

五、计算机病毒的防治

虽然计算机病毒的种类越来越多、手段越来越高明、破坏方式日趋多样化。但如果能采取适当、有效的防范措施，就能避免病毒的侵害，或者使病毒的侵害降到最低。

对于一般计算机用户来说，对计算机病毒的防治可以从以下几方面着手：

（一）安装正版杀毒软件

安装正版杀毒软件，并及时升级，定期扫描，可以有效降低计算机被病毒感染的概率。目前计算机反病毒市场上流行的反病毒产品很多，国内的著名杀毒软件有360、瑞星、金山毒霸等，国外引进的著名杀毒软件有诺顿杀毒软件、卡巴斯基反病毒软件等。

（二）及时升级系统安全漏洞补丁

我们也可以及时升级系统安全漏洞补丁，不给病毒攻击的机会。庞大的Windows系统必然会存在漏洞，包括蠕虫、木马在内的一些计算机病毒会利用某些漏洞来入侵或攻击计算机。微软采用发布“补丁”的方式来堵塞已发现的漏洞，使用Windows的“自动更新”功能，及时下载和安装微软发布的重要补丁，能使这些利用系统漏洞的病毒随着相应漏洞的堵塞而失去活动。

（三）始终打开防火墙

防火墙具有很好的保护作用，入侵者必须首先穿越防火墙的安全防线，才能接触目标计算机。可以将防火墙配置成不同保护级别，高级别的保护会禁止一些服务，如视频流等。

（四）不随便打开电子邮件附件

目前，电子邮件已成计算机病毒的主要传播媒介之一，一些利用电子邮件进行传播的病毒会自动复制自身并向地址簿中的邮件地址发送。为了防止利用电子邮件进行病毒传播，对正常交往的电子邮件附件中的文件应进行病毒检查，确定无病毒后才打开或执行，至于来历不明或可疑的电子邮件则应立即予以删除。

（五）不轻易使用来历不明的软件

对于网上下载或其他途径获取的盗版软件，在执行或安装之前应对其进行病毒检查，即便未查出病毒，执行或安装后也应注意是否有异常情况，以便能及时发现病毒的侵入。

（六）备份重要数据

反计算机病毒的实践告诉人们：对于与外界有交流的计算机，正确采取各种反病毒措施，能显著降低病毒侵害的可能和程度，但绝不能杜绝病毒的侵害。因此，做好数据备份是抗病毒最有效和最可靠的方法，同时也是抗病毒的最后防线。

（七）留意观察计算机的异常表现

计算机病毒是一种特殊的计算机程序，只要在系统中有活动的计算机病毒存在，它总会露出蛛丝马迹，即使计算机病毒没有发作，寄生在被感染的系统中的计算机病毒也会使系统表现出一些异常症状，用户可以根据这些异常症状及早发现潜伏的计算机病毒。如果发现计算机速度异常慢、内存使用率过高，或出现不明的文件进程，就要考虑计算机是否已经感染病毒，并及时查杀。

第三节 防火墙技术

Internet 的普及应用使人们充分享受了外面的精彩世界，但同时也给计算机系统带来了极大的安全隐患。黑客会使用恶意代码（如病毒、蠕虫和特洛伊木马）尝试查找未受保护的计算机。有些攻击仅仅是单纯的恶作剧，而有些攻击则是心怀恶意，如试图从计算机中删除信息、使系统崩溃，甚至窃取个人信息，如银行卡密码或信用卡号。为了既能和外部互联网进行有效通信，充分了解互联网的丰富信息，又能保证内部网络或计算机系统的安全，防火墙技术应运而生。

一、防火墙的概念

防火墙的本义是指古代构筑和使用木质结构房屋的时候，为防止火灾的发生和蔓延，人们将坚固的石块堆砌在房屋周围作为屏障，这种防护构筑物就被称为“防火墙”。其实与防火墙一起起作用的就是“门”，这个门就相当于防火墙技术中的“安全策略”。防火墙实际并不是一堵实心墙，而是带有一些小孔的墙。这些小孔就是用来留给那些允许进行的通信，这些小孔中安装了过滤机制。

网络防火墙是在一个可信网络（如内部网）与一个不可信网络（如外部网）间起保护作用的一整套装置，在内部网和外部网之间的界面上构造一个保护层，并强制所有的访问或连接都必须经过这一保护层，在此进行检查和连接。只有被授权的通信才能通过此保护层，从而保护内部网资源免遭非法入侵。

防火墙的安全意义是双向的，一方面可以限制外部网对内部网的访问，另一方面也可以限制内部网对外部网中不健康或敏感信息的访问。防火墙的实现技术一般分为两种，一种是分组过滤技术，另一种是代理服务技术。分组过滤技术是基于路由的技术，其机理是由分组过滤路由对 IP 分组进行选择，根据特定组织机构的网络安全准则过滤掉某些 IP 地址分组，从而保护内部网络。代理服务技术是由一个高层应用网关作为代理服务器，对任何外部网的应用连接请求首先进行安全检查，然后与被保护网络应用服务器连接。代理服务器技术可使内、外网信息流动受到双向监控。

二、防火墙的功能

防火墙一般具有如下功能。

（一）访问控制

这是防火墙最基本也是最重要的功能，通过禁止或允许特定用户访问特定资源，保护网络的内部资源和数据。防火墙禁止非法授权的访问，因此需要识别哪个用户可以访问何种资源。

（二）内容控制

内容控制指根据数据内容进行控制。例如，防火墙可以根据电子邮件的内容识别出垃圾邮件并过滤掉垃圾邮件。

（三）日志记录

防火墙能记录下经过防火墙的访问行为，包括内、外网进出的情况。一旦网络发生了入侵或者遭到破坏，就可以对日志进行审计和查询。

（四）安全管理

通过以防火墙为中心的安全方案配置，能将所有安全措施（如加密、身份认证和审计等）配置在防火墙上。与将网络安全问题分散到各主机上相比，防火墙的这种集中式安全管理更经济、更方便。例如，在网络访问时，一次一个口令系统和其他的身份认证系统完全可以不必分散在各个主机上而是集中在防火墙上。

（五）内部信息保护

通过利用防火墙对内部网络进行划分，可实现内部网中重点网段的隔离，限制内部网络中不同部门之间互相访问，从而保障网络内部敏感数据的安全。另外，隐私是内部网络非常关心的问题，一个内部网络中不引人注意的细节，可能包含了有关安全的线索而引起外部攻击者的兴趣，甚至由此暴露了内部网络的某些安全漏洞。例如，Finger（一个查询用户信息的程序）服务能够显示当前用户名单以及用户的详细信息，DNS（域名服务器）能够提供网络中各主机的域名及相应的 IP 地址。防火墙可以隐藏那些透露内部细节的服务，以防止外部用户利用这些信息对内部网络进行攻击。

三、防火墙的类型

有多种方法对防火墙进行分类，从软、硬件形式上可以把防火墙分为软件防火墙、硬件防火墙及芯片级防火墙。

（一）软件防火墙

软件防火墙运行于特定的计算机上，它需要客户预先安装好的计算机操作系统的支持，一般来说这台计算机就是整个网络的网关，俗称“个人防火墙”。软件防火墙就像其他软件产品一样需要预先在计算机上安装并做好配置才可以使用。防火墙厂商中做网络版软件防火墙最出名的莫过于 Check Point，使用这类防火墙，需要网管对所工作的操作系统平台比较熟悉。

（二）硬件防火墙

硬件防火墙是指“所谓的硬件防火墙”。之所以加上“所谓”二字是针对芯片级防火墙来说的，它们最大的差别在于是否基于专用的硬件平台。目前市场上大多数防火墙都是这种硬件防火墙，它们都基于 PC 架构，也就是说，它们和普通家庭用的 PC 没有太大区别。在这些 PC 架构计算机上运行一些经过裁剪和简化的操作系统，最常用的有老版本的 Unix、Linux 和 FreeBSD 系统。值得注意的是，由于此类防火墙采用的依然是别人的内核，因此依然会受到 OS（操作系统）本身的安全性影响。

传统硬件防火墙一般至少应具备三个端口，分别接内网、外网和 DMZ 区（非军事化区），现在一些新的硬件防火墙往往扩展了端口，常见的四端口防火墙一般将第四个端口作为配置口、管理端口。很多防火墙还可以进一步扩展端口数目。

（三）芯片级防火墙

芯片级防火墙基于专门的硬件平台，没有操作系统，专有的 ASIC 芯片促使它们比其他种类的防火墙速度更快、处理能力更强、性能更高。做这类防火墙最出名的厂商有 NetScreen、Fortinet、Cisco 等。这类防火墙由于是专用操作系统，因此本身的漏洞比较少，不过价格相对比较高昂。

防火墙技术虽然出现了许多，但总体来讲可分为“包过滤型”和“应用代理型”两大类。前者以以色列的 Check Point 防火墙和美国 Cisco 公司的 PIX 防火墙为代表，后者以美国 NAI 公司的 Gauntlet 防火墙为代表。

四、常见防火墙产品

目前市场上有免费的、针对个人计算机用户的安全软件，具有某些防火墙的功能，如 360 木马防火墙。

（一）360 木马防火墙简介

360 木马防火墙是一款专用于抵御木马入侵的防火墙，应用 360 独创的“亿级云防御”，从防范木马入侵到系统防御查杀，从增强网络防护到加固底层驱动，结合先进的“智能主动防御”，多层次、全方位地保护系统安全，每天为 3.2 亿 360 用户拦截木马入侵次数峰值突破 1.2 亿次，居各类安全软件之首，已经超越一般传统杀毒软件的防护能力。木马防火墙需要开机随机启动，才能起到主动防御木马的作用。

360 木马防火墙属于主动防御安全软件，非网络防火墙（传统简称为防火墙）。360 木马防火墙内置在 360 安全卫士 7.1 及以上版本、360 杀毒 1.2 及以上版本中，完美支持 64 位的 Windows7 等系统。

（二）360 木马防火墙的特点

传统安全软件“重查杀、轻防护”，往往在木马潜入电脑盗取账号后，再进行事后查杀，即使杀掉了木马，也会残留，系统设置被修改，网民遭受的各种损失也无法挽回。360 木马防火墙则“防杀结合、以防为主”，依靠抢先侦测和云端鉴别，智能拦截各类木马，在木马盗取用户账号、隐私等重要信息之前，将其“歼灭”，有效解决了传统安全软件查杀木马的滞后性缺陷。360 木马防火墙采用了独创的“亿级云防御”技术。它通过对电脑关键位置的实时保护和对木马行为的智能分析，并结合 3 亿 360 用户组成的“云安全”体系，实现了对用户电脑的超强防护和对木马的有效拦截。根据 360 安全中心的测试，木马防火墙拦截木马效果是传统杀毒软件的 10 倍以上，而其对木马的防御能力，还将随 360 用户数的增多而进一步提升。

为了有效防止驱动级木马、感染木马、隐身木马等恶性木马的攻击破坏，360木马防火墙采用了内核驱动技术，拥有包括网盾、局域网、U盘、驱动、注册表、进程、文件、漏洞在内的八层“系统防护”，能够全面抵御经各种途径入侵用户电脑的木马攻击。另外，360木马防火墙还有“应用防护”，对浏览器、输入法、桌面图标等木马易攻击的地方进行防护。木马防火墙需要开机自动启动，才能起到主动防御木马的作用。

（三）360木马防火墙的系统防护

360木马防火墙由八层系统防护及三类应用防护组成。系统防护包括网页防火墙、漏洞防火墙、U盘防火墙、驱动防火墙、进程防火墙、文件防火墙、注册表防火墙、ARP（地址解析协议）防火墙等。

1.网页防火墙

网页防火墙主要用于防范网页木马导致的账号被盗、网购被欺诈等。用户开启网页防火墙后，在浏览危险网站时360会予以提示，对于钓鱼网站，360网盾会提示登录真正的网站。

此外，网页防火墙还可以拦截网页的一些病毒代码，包含屏蔽广告、下载后鉴定等功能。如果安装360安全浏览器，则可以在下载前对文件进行鉴定，防止下载病毒文件。

2.漏洞防火墙

微软发布漏洞公告后，用户往往不能在第一时间进行更新，此外如果使用的是盗版操作系统，微软自带的Windows Update不能使用，360漏洞修复可以帮助用户在第一时间打上补丁，防止各类病毒入侵电脑。

3.U盘防火墙

U盘防火墙会在用户使用U盘的过程中进行全程监控，可彻底拦截感染U盘的木马，插入U盘时可以自动查杀。

4.驱动防火墙

驱动木马具有很高的权限，破坏力强，通常可以很容易地执行键盘记录、结束进程、强删文件等操作。有了驱动防火墙可以阻止病毒驱动的加载，从系统底层阻断木马，加强系统内核防护。

5.进程防火墙

进程防火墙可以在木马即将运行时阻止木马的启动，拦截可疑进程的创建。

6.文件防火墙

文件防火墙可以防止木马窜改文件，防止快捷键等指令被修改。

7.注册表防火墙

注册表防火墙可以对木马经常利用的注册表关键位置进行保护，阻止木马修改注册表，从而达到防止木马窜改系统，防范电脑变慢、上网异常的目的。

8.ARP 防火墙

ARP 防火墙可以防止局域网木马攻击导致的断网现象，如果是非局域网用户，不必使用该功能。

（四）360 木马防火墙的应用防护

1.浏览器防护

浏览器防护是指锁定所有外链的打开方式，打开此功能可以保证所有外链均使用用户设置的默认浏览器打开，该功能不会对任何文件进行云引擎验证。

2.输入法防护

当有程序试图修改注册表中输入法对应项时，360 木马防火墙会对操作输入法注册表的可执行程序及 IME 输入法可执行文件进行云引擎验证。

3.桌面图标防护

桌面图标防护功能可以防护监控所有桌面图标等相关的修改，提示桌面上的变化。

第四节　系统漏洞与补丁

为什么计算机病毒、恶意程序、木马能如此容易地入侵计算机？系统漏洞是其中的一个主要因素。正确认识系统漏洞，并且重视及时修补系统漏洞，对计算机系统的安全至关重要。

一、操作系统漏洞和补丁简介

（一）系统漏洞

根据唯物史观的认识，这个世界上没有十全十美的东西存在。同样，软件界的大鳄——微软生产的 Windows 操作系统同样也不例外。随着时间的推移，它总是会有一些问题被发现，尤其是安全问题。

所谓系统漏洞，就是操作系统中存在的一些不安全组件或应用程序。黑客们通常会利用这些系统漏洞，绕过防火墙、杀毒软件等安全保护软件，对安装服务器或者计算机进行攻击，从而控制被攻击计算机，如冲击波、震荡波等病毒就是典型的例子。一些病毒或流氓软件也会利用这些系统漏洞，对用户的计算机进行感染，以达到广泛传播的目的。这些被控制的计算机，轻则系统运行非常缓慢，用户无法正常使用，重则被盗取计算机上的用户关键信息。

（二）补丁

针对某一个具体的系统漏洞或安全问题而发布的专门解决该漏洞或安全问题的小程序，通常称为修补程序，也叫系统补丁或漏洞补丁。同时，漏洞补丁不限于 Windows 系统，大家熟悉的 Office 产品同样会有漏洞，也需要打补丁。微软公司为提高其开发的各种版本的 Windows 操作系统和 Office 软件的市场占有率，会及时地把软件产品中发现的重大问题以安全公告的形式公布于众，这些公告都有一个唯一的编号。

二、不补漏洞的危害

在互联网日益普及的今天，越来越多的计算机连接到互联网，甚至某些计算机保持“始终在线”的连接，这样的连接使它们暴露在病毒感染、黑客入侵、拒绝服务攻击以及其他可能的风险面前。操作系统是一个基础的特殊软件，它是硬件、网络与用户的接口。不管用户在上面使用什么应用程序或享受怎样的服务，操作系统一定是必用的软件。因此，它的漏洞如果不补，就像门不上锁一样危险，轻则资源耗尽，重则感染病毒、隐私尽泄，甚至会造成经济上的损失。

三、操作系统漏洞的处理

当系统漏洞被发现以后，操作系统公司会及时发布漏洞补丁。通过安装补丁，可以修补系统中相应的漏洞，从而避免这些漏洞带来的风险。

有多种方法可以给系统打漏洞补丁，如 Windows 自动更新、微软的在线升级，各种杀毒、反恶意软件中也集成了漏洞检测及打漏洞补丁功能。下面介绍微软的在线升级和使用 360 安全卫士安装漏洞补丁的方法。

（一）微软的在线升级

登录微软的软件更新网站，单击页面上的“快速”按钮或者“自定义”按钮，该服务将自动检测系统需要安装的补丁，并列出需要安装更新的补丁。单击“安装更新程序”按钮后，就会开始下载安装补丁。

登录微软件更新网站，安装漏洞补丁时，必须开启“Windows 安全中心”中的“自动更新”功能，并且所使用的操作系统必须是正版的，否则很难通过微软的正版验证。

（二）使用 360 安全卫士安装漏洞补丁

360 安全卫士中的“修复漏洞”功能相当于 Windows 中的“自动更新”功能，能检测用户系统存在的安全漏洞，下载和安装来自微软官方网站的补丁。

要检测和修复系统漏洞，可单击“修复漏洞”标签，单击后 360 安全卫士即开始检测系统中的安全漏洞，检测完成后会列出需要安装更新的补丁。单击“立即修复”按钮，即开始下载和安装补丁。

第五节　系统备份与还原

病毒破坏、硬盘故障和误操作等各种原因，都可能造成 Windows 系统不能正常运行甚至系统崩溃，往往需要重新安装 Windows 系统。成功安装操作系统、安装运行在操作系统上的各种应用程序，短则几个小时，多则几天，所以重装系统是一项费时费力的工作。通常系统安装完成以后，都要进行系统备份。在系统发生故障时，可以利用系统备份进行系统还原。目前常用的备份与还原的方法主要有 Norton Ghost 软件及 Windows 系统（Windows7 以上版本）中的备份与还原工具。

一、用 Ghost 对系统备份和还原

Ghost（通用硬件导向系统转移）是 Symantec 公司的 Norton 系列软件之一，其主要功能如下：能进行整个硬盘或分区的直接复制；能建立整个硬盘或分区的镜像文件，即对硬盘或分区备份，并能用镜像文件恢复还原整个硬盘或分区等。这里的分区是指主分区或扩展分区中的逻辑盘，如 C 盘。

利用 Ghost 对系统进行备份和还原时，Ghost 先为系统分区如 C 盘生成一个扩展为 gho 的镜像文件，当以后需要还原系统时，再用该镜像文件还原系统分区，仅仅需要几十分钟，就可以快速恢复系统。

在系统备份和还原前应注意如下事项：

第一，在备份系统前，最好将一些无用的文件删除以减少 Ghost 文件的体积。通常无用的文件有 Windows 的临时文件夹、IE 临时文件夹、Windows 的内存交换文件，这些文件通常要占去 100 多兆硬盘空间。

第二，在备份系统前，整理目标盘和源盘，以加快备份速度。在备份系统前及恢复系统前，最好检查一下目标盘和源盘，纠正磁盘错误。

第三，在选择压缩率时，建议不要选择最高压缩率，因为最高压缩率非常耗时，而压缩率又没有明显提高。

第四，在恢复系统时，最好先检查一下要恢复的目标盘是否有重要的文件还未转移，千万不要等硬盘信息被覆盖后才后悔莫及。

第五，在新安装了软件和硬件后，最好重新制作映像文件，否则很可能在恢复后出现一些莫名其妙的错误。

下面以 Ghost 32 11.0 版本为例，简述利用 Ghost 进行系统备份和还原的方法。

（一）系统备份

利用 Ghost 进行系统备份的操作步骤如下：

第一，用光盘或 U 盘启动操作系统 PE 版，执行 Ghost，在出现的“About Symantec Ghost”对话框中单击“OK”按钮。

第二，执行“Local（本地）”“Partition（分区）”“To Image（生成镜像文件）”命令，打开“Select local source drive by clicking on the drive number（选择要制作镜像文件所在分区的硬盘）”对话框。

第三，由于计算机系统中只有一个硬件盘，所以这里选择 Drivel 作为要制作镜像文件所在分区的硬盘，单击“OK”按钮，打开“Select source partitions from Basic drive：1（选择源分区）”对话框，该对话框列出了 Drivel 硬盘主分区和扩展分区中的各个逻辑盘及其文件系统类型、卷标、容量和数据已占用空间的大小等信息。

第四，列出了 3 个逻辑盘，即主分区中的卷标为“WinXP”、扩展分区中卷标为“DISKD”及扩展分区中卷标为“DISKE”的分区。这里选择 Part 1（C 逻辑盘）作为要制作镜像文件所在的分区，单击“OK”按钮，打开“File name to copy image to（指定镜像文件名）”对话框。

第五，选择镜像文件的存放位置“D：1.2：[DISKD]NTFS drive”，“1.2”的意思是第一个硬盘中的第二个逻辑盘（D 盘）；输入镜像文件的文件名“system back”。

第六，单击“Save”按钮，打开选择 Compress Image（1916）压缩方式对话框。有 3 个按钮表示 3 种选择：“No（不压缩）”“Fast（快速压缩）”和“High（高度压缩）”。高度压缩可节省磁盘空间，但备份速度相对较慢；不压缩或快速压缩虽然占用磁盘空间较大，但备份速度较快；不压缩最快。这里选择“Fast”。

（二）系统备份的还原

利用备份的镜像文件可恢复分区到备份时的状态，目标分区可以是原分区，也可以是容量大于原分区的其他分区，包括另一台计算机硬盘上的分区。

利用 Ghost 进行系统备份的还原操作步骤如下：

第一，用光盘或 U 盘启动操作系统，执行 Ghost，在出现的“About Symantec Ghost”对话框中单击“OK”按钮。

第二，执行“Local（本地）”“Parition（分区）”“From Image（从镜像文件中恢复）”

命令，打开“Image file name to restore from（选择要恢复的镜像文件）”对话框。

第三，选定要恢复的镜像文件“system back GHO”后，单击“Open”按钮，打开“Select source partition from image file（从镜像文件中选择源分区）”对话框。该对话框列出了镜像文件中所包含的分区信息，可以是一个分区，也可以是多个不同的分区。

二、用 VHD 技术进行系统备份与还原

用 Ghost 对系统备份和还原时，不能在操作系统本身运行时进行，必须用第三方软件 Windows PE 启动系统后再进行备份和还原，比较麻烦。从 Windows7 开始，用户可以通过 VHD 技术在控制面板里为 Windows 创建完整的系统映像，选择将映像直接备份在硬盘上、网络中的其他计算机或者光盘上。

VHD 的中文名为虚拟硬盘。VHD 其实应该被称作 VHD 技术或 VHD 功能，就是能够把一个 VHD 文件虚拟成一个硬盘的技术，VHD 文件的扩展名是 vhd，一个 VHD 文件可以被虚拟成一个硬盘，在其中可以实现在真实硬盘中一样的操作，如读取、写入、创建分区、格式化。

VHD 最早称为 VPC（Windows Virtual PC，微软出品的虚拟机软件）。VHD 是 VPC 创建的虚拟机的一部分，如同硬盘是电脑的一部分，VPC 虚拟机里的文件存放在 VHD 上如同电脑里的文件存在硬盘上，然后 VHD 被用于 Windows Vista 完整系统备份，就是将完整的系统数据保存在一个 VHD 文件之中（Windows7 以后的版本继承了此功能）。在 Windows7 出现之前，VHD 一直默默无闻，但随着 Windows7 的横空出世，VHD 开始崭露头角乃至大放异彩。

由于 Windows7 已将 WinRE（Windows 恢复环境）集成在了系统分区，这使它的还原和备份一样容易实现。也就是说，Windows7 以上版本的操作系统可以不需要用第三方软件 Windows PE 启动后对系统进行备份和还原。

（一）创建 Windows7 的系统映像

利用 VHD 创建 Windows7 的系统映像的操作步骤如下：

第一，打开控制面板，执行“备份与还原”“创建系统映像”命令，打开“创建系统映像”对话框。

一般情况下，Windows7 会自动扫描磁盘以帮助用户选择系统备份的目标分区，用户也可指定系统备份的目标分区。

第二，单击“下一步”按钮，选择用户需要进行备份的系统分区。默认情况下，Windows 会自动选中系统所在分区，其他分区处于可选择状态。

第三，这里只需要选择系统分区，继续单击“下一步”按钮。

第四，单击“开始备份”按钮，Windows 开始进行备份工作。此备份过程完全在 Windows 下进行。

第五，在映像创建完毕后，Windows 会询问是否创建系统启动光盘。这个启动光盘是一个最小化的 Windows PE，用于用户在无法进入 WinRE 甚至连系统安装光盘都丢失的情况下恢复系统使用。

第六，单击“否”命令按钮，完成系统映像的创建。

Windows7 创建的映像文件存放在名为“Windows Image Back up”的文件夹内，内部文件夹以备份时的计算机名命名。在使用 WinRE 进行映像还原时，Windows 会查找这两个文件夹的名称，用户可以改变 Windows Image Back up 存放的位置，但是不可以改变它的名称。

Windows7 的映像文件是以 vhd 的形式存在的，vhd 是微软的虚拟机 Virtual PC 的文件类型。

（二）使用 Windows7 内置的 WinRE 还原

备份完成后就可以方便地对系统进行还原，还原方法有使用控制面板中的“备份和还原”工具还原、使用 Windows7 内置的 WinRE 还原及 Windows7 系统盘引导还原。这里介绍第二种还原方法，使用 Windows7 内置的 WinRE 还原。

由于 Windows7 已经把 WinRE 集成在了系统所在分区，这使得 Windows 的还原过程也变得非常轻松。当系统受损或计算机无法进入系统时，可以按以下步骤轻松还原计算机：

第一，开机预启动时按 F8 功能键进入高级启动选项，在选择“修复计算机”命令后，按回车进入 WinRE。

第二，在打开的“系统恢复选项”对话框中，选择默认的键盘输入方式，然后单击“下一步”命令按钮。

第三，在打开的“系统恢复选项”对话框中，选择系统备份时的用户名和密码，之后单击“确定”命令按钮。

第四，在打开的“系统恢复选项”对话框中，选择恢复工具。WinRE 提供了多项实用的系统修复工具，现在的目的是从映像还原计算机，因此选择“系统映像恢复”命令。

第四章　计算机访问控制技术

访问控制可以被看作信息系统的第二道安全防线，对进入系统的合法用户进行监督和限制，解决“合法用户在系统中对各类资源以何种权限访问”的问题。

第一节　访问控制的基本概念

访问控制是对信息系统进行安全防护的重要手段。用户在通过身份认证进入信息系统以后，不能毫无限制地对系统中的各类资源进行访问。一个用户能够访问哪些资源，一般通过授权进行限定。信息系统安全的一项重要内容是合法用户在授权范围内对资源进行访问，访问控制技术就是这一安全需求的有力保证。访问控制对用户的活动进行限制，确保用户按照权限访问资源。

实施访问控制的依据是用户的访问权限。用户通过身份认证进入信息系统，系统决定用户对各类资源有怎样的访问权限，这是系统授权机制的核心。用户访问权限的授予一般要求遵循最小特权原则。最小特权原则是指基于用户完成工作的实际需求为用户赋予权限，用户不会被赋予超出其实际需求的权限。最小特权原则有助于确保资源受控、合法地使用，有效防范用户滥用权限带来的风险。

访问控制是对授权的落实，依据授权对用户的资源访问请求加以限制。访问控制技术的研究有很长的历史。20 世纪 60 年代末，访问控制的概念被提出，相关学者对访问控制进行了系统的数学描述。70 年代，大卫 • 贝尔（David Bell）和伦恩 • 拉帕杜拉（Len LAPudula）两位研究人员将访问控制形式化为信息系统安全评估的一套模型。1983 年，为了帮助计算机用户分析和解决计算机网络安全问题，美国国防部发布了可信计算机安全评价标准（Trusted Computer System Evaluation Criteria, TCSEC），规定了多用户计算机系统的安全级别划分方法，其中定义了军事系统的两种访问控制模型，标志着访问控制模型标准化的开始。

访问控制包括主体、客体和访问策略等三个基本要素，下面分别进行介绍。

一、主体

主体是指访问活动的发起者。主体可以是普通的用户，也可以是代表用户执行操作的进程或者设备。例如，进程 A 打开一个文档。在此访问过程中，进程 A 是访问活动的主体。通常而言，作为主体的进程将继承用户的权限，即哪个用户运行了进程，进程就将拥有哪个用户的权限。具体来看，如果是用户张三通过进程 A 打开文档 a.doc，那么进程 A 将拥有用户张三的权限，系统将根据用户张三是否能够读取文档 a.doc 来判决进程 A 读取文档的操作是否成功。

二、客体

客体是指访问活动中被访问的对象。客体通常是被调用的进程，以及要存取的数据、文件、内存、设备和网络系统等资源。主体和客体都是相对于访问活动而言的，是标识访问的主动方和被动方。这也意味着主体和客体的关系是相对的，不能简单地说系统中的一个实体是主体还是客体。例如，进程 A 调用进程 B 对文档 a.doc 进行访问。在进程 A 调用进程 B 的过程中，进程 A 是访问活动的主体，进程 B 是访问活动的客体。在进程 B 访问文档 a.doc 的过程中，进程 B 是访问活动的主体，文档 a.doc 是访问活动的客体。在该示例中，进程 B 在一个访问活动中充当客体的角色，在另外一个访问活动中又充当了主体的角色。

三、访问策略

访问是指主体对客体执行的各种操作，主要包括读、写、修改和删除等操作。访问策略体现了系统的授权行为，表现为主体访问客体时需要遵守的约束规则。访问控制可以采用三元组（S, O, P）的形式描述，其中 S 表示主体，O 表示客体，P 表示许可。

P 明确了按照访问策略，主体对客体的访问能否成功。访问策略是访问控制的核心，访问控制依据访问策略限制主体对客体的访问。访问策略通常存储在系统的授权服务器中。

引用监视器模型是最为著名的描述访问控制的抽象模型，Windows XP、Windows 2000 等常用的 Windows 操作系统都实现了引用监视器模型。引用监视器模型如图 4-1 所示。按照引用监视器模型的描述，在系统中出现访问请求时，引用监视器对访问请求进行裁决，它向授权服务器进行查询，根据其中存储的访问策略决定主体对客体的访问是否被允许。

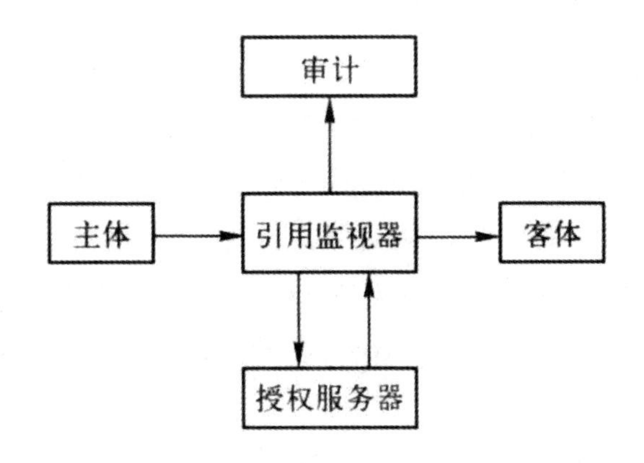

图 4-1　引用监视器模型

在引用监视器模型中，有一个审计的功能模块。审计是访问控制的必要补充。审计将记录与访问有关的各类信息，包括访问三元组中主体、客体、访问的许可情况，以及访问的时间、执行的是哪一类访问操作等。

由于审计是以流水记录的形式记载访问活动的，因此，管理员查看审计记录，能够详尽了解系统中访问活动的具体情况，主要可以掌握三方面的信息。第一，哪些主体对哪些资源的访问请求被拒绝。主体发出大量违规的访问请求往往是攻击、破坏活动的征兆，需要引起特别关注。第二，访问策略是否得到了严格执行。如果规则在配置或者执行过程中存在失误，一些违反访问策略的访问请求可能被许可。通过查看审计记录可以及时发现此类情况，亡羊补牢。第三，可以提供访问活动的证据。哪些主体以何种方式访问过哪些客体，都会详细体现在审计记录中。审计使得主体无法否认自己的访问行为。

第二节　访问控制的安全策略

访问控制的安全策略是指组织或者系统决定访问权限的高层指导原则。TCSEC 中描述了 DAC（自主访问控制）和 MAC（强制访问控制）两种访问控制策略。这两种访问控制策略是著名的访问控制策略，应用也较为广泛。

一、自主访问控制策略

自主访问控制最早出现在 20 世纪 70 年代初期的分时系统中，是多用户环境下最常用的一种访问控制技术，在 UNIX 类操作系统中被广泛使用。自主访问控制通常基于主客体的所属关系，其中的“自主”是指对于自己所拥有的资源，资源的所有者有权力根据自己的意愿将客体的访问权限分发给其他主体，或者从其他主体那里收回访问权限。换句话说，自主访问控制允许客体的所有者决定其他主体对于相应的客体有怎样的访问权限。

自主访问控制基于用户，具有很强的灵活性。信息资源的所有者在没有系统管理员介入的情况下，能够动态设定资源的访问权限。但是，自主访问控制策略也存在一些明显的缺陷，具体表现为以下几点：

第一，资源管理过于分散，由资源的所有者自主管理资源容易出现纰漏。

第二，用户之间的等级关系不能够在系统中体现出来。

第三，自主访问控制提供的安全保护容易被非法用户绕过而获得访问。例如，某个用户 A 具有读取文档 a.doc 的权限，而用户 B 不具备读取文档 a.doc 的权限。如果用户 A 读取 a.doc 的内容后再传送给用户 B，则用户 B 也获得了文档 a.doc 的内容。究其原因，按照自主访问控制策略，主体遵从访问规则获取客体的访问权限以后，其对客体的进一步操作没有受到限制。在以上示例中，主体将获得的客体信息分发给不具备读取权限的其他主体，造成了信息泄露。

此外，自主访问控制不能有效防范特洛伊木马在系统中进行破坏。计算机系统中，每个进程继承运行该进程的用户的访问权限。如果木马程序进入系统，以合法用户的身份活动，操作系统就会无法区分相应活动是用户的合法操作还是木马程序在起作用。在这种情况下，系统难以对木马程序实施有效限制。

木马程序可以绕过自主访问控制，在系统中进行各种形式的破坏。例如，木马可以通过文件、内存等共享客体将信息从一个进程传送到另一个进程，造成信息泄密。木马如果以资源所有者的权限运行，还可以随意修改资源的访问控制信息，使资源原有的访问权限失效。举例来看，用户 A 对文档 a.doc 具有读权限。用户 B 为了获取文档 a.doc 的内容，编写了一个木马程序，并采用各种诱骗手段欺骗用户 A 运行该程序。当用户 A 运行木马程序时，木马程序获得用户 A 的访问权限，能够读取文档 a.doc 的内容。木马将文档 a.doc 的内容写入 B 能够读取的某个文件，或者专门生成一个允许 B 读取的新文件。通过木马程序，用户 B 获得了文档 a.doc 的内容，自主访问控制完全不能防范此例中用户 B 利用木马进行的窃密活动。

二、强制访问控制策略

强制访问控制与自主访问控制不同，它不允许一般的主体进行访问权限的设置。在强制访问控制中，主体和客体被赋予一定的安全级别，普通用户不能改变自身或任何客体的安全级别，通常只有系统的安全管理员可以进行安全级别的设定。系统通过比较主体和客体的安全级别来决定一个主体是否能够访问某个客体。例如，可以从保密性的角度按照绝密级（top secret, TS）、机密级（secret, S）、秘密级（confidential, C）及公开级（unclassified, U）等四个等级为系统中的主体和客体划分安全级别，各安全级别之间的高低关系为 TS＞S＞C＞U。当主体访问客体时，访问活动必须符合安全级别的要求。

下读和上写两项原则是在强制访问控制策略中使用广泛的两项原则，具体内容如下：

第一，下读原则。主体的安全级别必须高于或者等于被读客体的安全级别，主体读取客体的访问活动才被允许。

第二，上写原则。主体的安全级别必须低于或者等于被写客体的安全级别，主体读取客体的访问活动才被允许。

下读和上写两项原则限定了信息只能在同一层次传送或者由低级别的对象流向高级别的对象。

强制访问控制能够弥补自主访问控制在安全防护方面的一些不足，特别是能够防范利用木马等恶意程序进行窃密的活动。从木马防护的角度看，由于主体和客体的安全属性确定，用户无法修改，木马程序在继承用户权限运行以后，也无法修改任何客体的安全属性。此外，强制访问控制对客体的创建有严格限制，不允许进程随意生成共享文件，从而防止进程通过共享文件将信息传递给其他用户。

还是以木马窃密为例进行分析，用户 A 的安全级别能够读取文档 a.doc，用户 B 由于级别较低无法读取该文档，用户 B 试图通过木马程序利用用户 A 的权限获取文档内容。但是与之前的案例不同，此系统采用的是强制访问控制策略。木马程序如果被用户 A 运行，木马作为主体与用户 A 的安全级别相同。木马的安全级别高于文档 a.doc，但由于客体的安全属性无法修改，木马无法将 a.doc 的安全级别修改成用户 B 可读的级别。此外，木马虽然能够读取文档 a.doc 的内容，但由于强制访问控制的限制，木马无法将高级别的信息写入低级别的对象，也无法创建共享客体，将信息传递给用户 B 或者其他进程。总体上看，在强制访问控制机制的限制下，用户 B 利用木马盗取文档 a.doc 内容的计划将落空。

在美国国防部制定的 TCSEC 安全评价标准中，根据系统具备的安全功能，系统被划分为 D、C、B、A 四类，包括 D、C1、C2、B1、B2、B3、A1 七个安全级别，各级别的安全可信度依次增加，高级别包含了低级别的安全性。从 C1 级开始引入访问控制的安全功能，C1 级为自主安全保护级，提供自主访问控制机制。强制访问控制机制要求在 B1 级的系统中使用，B1 级被称为标记安全保护级。在比 B1 级安全程度更高的 B2 级中实现了更为完善的强制访问控制机制，计算机系统中的所有对象都被标记并接受控制。B2 级是符合军用计算机系统安全要求的最低级别。

从 TCSEC 的安全等级划分可以看出，采用强制访问控制机制，系统的安全性比采用自主访问控制机制更高。目前，大部分通用的个人操作系统为了保证用户操作的友好，所采用的访问控制是以自主访问控制机制为基础，并增加了部分强制访问控制的功能。由于没有严格采用强制访问控制机制，这些操作系统无法有效防范木马攻击，也使木马成为目前比较危险且广泛存在的一种信息系统安全威胁。

三、基于角色的访问控制策略

自主访问控制和强制访问控制都属于传统的访问控制策略，需要为每个用户赋予客体的访问权限。采用自主访问控制策略，资源的所有者负责为其他用户赋予访问权限。采用强制访问控制策略，安全管理员负责为用户和客体授予安全级别。如果系统的安全需求动态变化，授权变动将非常频繁，为保证访问控制按需变化将付出高昂的管理开销，更主要的是在调整访问权限的过程中容易出现配置错误，造成安全漏洞。

1992 年美国国家标准技术研究所提出了基于角色的访问控制（role-based access control, RBAC）策略，这种访问控制策略旨在减轻安全管理的复杂度。信息系统中用户所拥有的访问权限应当取决于用户在工作中承担的角色，可以以用户在系统中角色的改变为依据调整其访问资源的权限。

RBAC 中的用户、角色、操作及客体等基本元素的关系如图 4-2 所示。其中，操作覆盖了读、写及执行等各类访问活动。许可将操作和客体联系在一起，表明允许对一个或者多个客体执行的操作。角色进一步将用户和许可联系在一起，反映了一个或者一群用户在系统中获得的许可的集合。

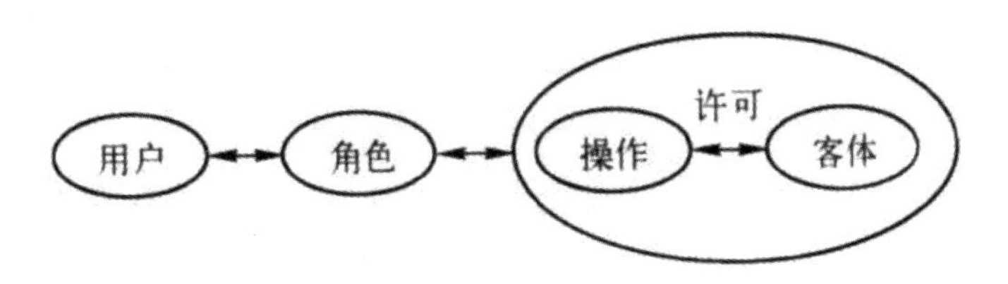

图 4-2　用户和角色之间的关系

在图 4-2 中，双向箭头表示多对多的关系。在 RBAC 中，一个用户可以拥有多个角色，一个角色也可以授予多个用户。一个角色可以拥有多种许可，一种许可也可以分配给多个角色。

RBAC 中的许可规范了对客体的访问权限。角色可以看作用户和许可之间的代理层，解决了用户和访问权限的关联问题。采用 RBAC 访问控制策略的系统，用户的账号或者 ID 号之类的身份标识仅仅对身份认证有意义，真正决定访问权限的是用户拥有的角色。

RBAC 的核心思想就是根据安全策略划分不同的角色，资源的访问许可封装在角色里，系统中的用户根据实际需求，被指派一定的角色，用户通过角色与访问权限相联系。

如果脱离了角色，用户将不再拥有任何访问权限。

一些访问控制模型以用户组为单位进行权限划分。角色与用户组不同。用户组被看作用户的集合，本身不包含授权的概念；而角色不仅是一类用户的集合，而且包含这类用户需要访问的资源及相应的操作权限。对于采用用户组的访问控制模型，在进行授权管理时，需要将访问权限分配给用户组。而 RBAC 的授权管理是将用户与角色绑定，用户获得了角色也就确定了用户可以在哪些资源上进行怎样的访问操作。基于角色进行访问控制管理比基于用户组进行访问控制管理更为灵活。例如，基于角色进行访问控制管理可以采用角色继承的方法，对已有的角色进行扩展，产生新的角色，不仅便捷，还可以描述系统中人员的层次关系。

RBAC 通过角色的概念实现了用户和访问权限的逻辑分离，这种策略有一些突出优势。除了具有灵活性，RBAC 可以很好地实现最小权限原则。最小权限原则是信息系统安全基本原则，该原则反映了“必不可少”的思想。“必不可少”可以从两个角度理解：一方面，为用户分配的权限可以满足用户的工作需求，足以让用户完成他需要完成的工作；另一方面，为用户分配的是满足工作所需权限的最小集合，可以使事故、用户操作错误等原因造成的损失最小。RBAC 可以轻松地进行角色配置，使角色具有完成任务需要的最少许可。

另外，RBAC 极大地方便了授权管理。举例来看，如果一个用户的职位发生了变化，只要使用户与原先的角色相脱离，并为用户赋予代表新职务的角色即可。角色与许可之间的联系，相较于角色与用户之间的联系，要稳定很多。给角色配置许可的工作比较复杂，需要一定的专业技术，可以由专门的技术人员来承担。而为用户分配角色不需要很多技术，可以由行政管理人员来执行。

四、Windows Vista 系统的 UAC 机制

微软早期的操作系统，如 Windows XP 和 Windows 2003 在安全性上都是以 TCSEC 的 C2 级为基准目标。C2 级系统要求在用户级实现自主访问控制，同时要求对各类访问操作进行审计。由于自主访问控制在防范恶意程序方面存在很大缺陷，木马等恶意程序常常潜入操作系统进行各种破坏，而用户却一无所知，使得恶意程序成为 Windows 系统的头号威胁。

用户账户控制（user account control, UAC）是微软为增强操作系统安全性而在Windows Vista系统中首次引入的一种访问控制机制。UAC使用户在执行可能影响计算机运行的操作，或执行影响其他用户设置的操作前，获得明确通知，从而让用户进一步判断是否允许进行相应操作。需要经过UAC授权的操作包括配置Windows Update、增加或删除用户账户、改变用户的账户类型、安装ActiveX、安装或卸载程序、安装设备驱动程序，以及将文件移动或复制到Program Files或Windows目录等。

UAC在访问控制领域解决的核心问题是防止恶意程序以用户身份运行，在系统中悄无声息地修改系统配置或者进行其他威胁系统安全的活动。此外，这种机制在用户执行一些需要高权限、具有一定危险性的操作前向用户发出告警，有助于减少用户的误操作，降低由此带来的安全风险。

UAC机制发挥效用主要取决于Windows Vista系统的运行架构。Windows Vista系统中默认有Users组和Administrators组两个级别的用户组。当用户登录系统时，系统将根据用户的标识信息为用户创建访问令牌，访问令牌包含用户的访问权限信息。如果登录的用户属于Users组，操作系统将为用户创建标准用户访问令牌。如果登录的用户属于Administrators组，操作系统将为用户创建两个单独的访问令牌：一个标准用户访问令牌和一个管理员访问令牌。标准用户访问令牌和管理员访问令牌包含的信息相同，但是标准用户访问令牌中不具有管理权限。默认情况下，Users组的用户和Administrators组的用户都只使用标准用户访问令牌在标准用户权限下访问资源和运行应用程序。

当用户所运行的应用程序需要管理员权限时，Windows Vista系统将提示用户从标准用户权限更改或提升为管理员权限。如果用户属于Administrators组，系统会显示允许或禁止应用程序启动的选项，实际上是要求用户使用管理员访问令牌的权限。如果用户属于Users组，则系统将要求用户输入一个Administrators组成员的用户名和密码。

Administrators组的用户运行程序时，UAC的告警消息包括以下四类：

（一）Windows需要您的许可才能继续

当用户运行Windows系统自带的一些可能对系统中其他用户造成影响的程序时，UAC会弹出告警框，提示用户是否要继续操作。

（二）程序需要您的许可才能继续

用户运行的程序不属于 Windows 系统，如程序包含了指明程序名称和程序发行者的数字签名，而且系统可以通过数字签名核实程序的真实性。当这一类程序被运行时，告警消息将显示，从而让用户进一步确认程序是不是自己需要运行的程序。

（三）一个未能识别的程序要访问您的计算机

未能识别的程序是发行者没有提供有效数字签名的程序，由于缺少数字签名信息，操作系统无法判断程序是不是其所声称的程序。操作系统发出告警，要求用户进一步确认程序运行的合法性。这一类程序并不一定有危险，因为很多早期编写的合法程序都没有数字签名。

（四）此程序已被阻止

会出现此类消息的程序是管理员已经明确阻止在计算机上运行的程序。如果用户确定要运行这类程序，必须首先解除对程序运行的限制。

以上四类告警消息将在程序试图获得高出标准用户的权限时出现，对用户进行告警提示，有助于防范传统 Windows 系统中的恶意代码以管理员权限运行，肆意地在系统中为所欲为。

用户使用 Windows Vista 系统时往往频繁遇到 UAC 的告警消息，而且此类告警消息锁定屏幕，用户无法置之不理，必须回应告警消息才能进行其他工作。很多用户因此感觉 Windows Vista 系统不友好，产生了抵触情绪。

五、Windows7 系统的 UAC 机制

微软在 Windows7 操作系统中对 UAC 机制进行了完善，加入了 UAC 的等级设置功能，允许用户根据自身需要调整安全等级。用户可以将 UAC 设置为最高级别、默认级别、比默认级别稍低的级别，以及最低级别中的某一个等级。下面分别介绍各个等级的含义。

（一）最高级别

最高级别即要求“始终通知”的级别。在该级别下，当用户安装应用程序、对软件进行升级，以及应用程序对操作系统进行更改时，都会弹出要求用户确认的提示窗口。该级别是最安全的级别，也是告警消息出现最频繁的级别。

（二）默认级别

在默认级别下，只有当应用程序试图改变计算机设置时，系统才会提示用户，而当用户主动修改系统设置时不会进行提示。同时，在该模式下弹出告警消息时，系统会启用安全桌面以防范恶意程序绕过 UAC 修改系统设置。默认级别一方面不会干扰用户的正常操作，另一方面可以防范恶意程序在用户不知情的情况下破坏系统。普通用户采用该级别可使系统具有较好的安全性。

（三）比默认级别稍低的级别

该级别与默认级别的差别在于不会启用安全桌面，也就是说当告警消息弹出时桌面没有被锁定，恶意程序有可能绕过 UAC 更改系统设置。一般情况下，如果程序是用户主动运行以修改系统的，不需要进行限制。但如果用户没有运行任何程序，系统却弹出告警消息，则有可能是恶意程序正在试图修改系统，应当选择阻止。该级别适用于对操作系统有较深了解的用户。

（四）最低级别

最低级别即完全关闭 UAC 功能。在该级别下，如果 Administrators 组的用户登录，各类操作都会直接执行而不会有任何告警消息，操作系统的表现与 Windows XP 等传统系统相同，恶意代码可以隐藏在系统中进行破坏。如果用户以 Users 组成员的身份登录，那么一些需要高权限才能执行的操作，如安装软件、配置系统等，将被直接拒绝而不会有任何提示。UAC 被设置为最低级别，对于以 Administrators 组成员的身份登录的用户而言，安全风险很高；对于以 Users 组成员的身份登录的用户而言，各种操作和设置都很不方便，必须注销并以 Administrators 组中的某个用户的身份重新登录才能完成工作。因此，通常建议用户不要将 UAC 设置为该级别。

从各个 UAC 级别的含义可以看出，Windows7 系统采用让用户自主设置 UAC 等级的方式，在操作系统的安全性和使用便捷性之间取得平衡。一般而言，用户将系统设置为 UAC 的默认级别，就能较为有效地防范恶意程序“暗渡陈仓”、在系统中隐匿地进行破坏，为系统安全提供有力保证。

第三节　访问控制模型

访问控制模型旨在精确描述系统访问控制方面的安全功能，堵塞主体访问客体的过程中存在的安全漏洞。访问控制模型明确了系统的安全访问控制策略，决定了系统内部主体对客体的访问方式，通常在不限制系统具体功能的前提下，确保系统满足安全需求。

访问控制模型是信息系统安全的基础，研究广泛。其中，BLP 模型和 Biba 模型是两种经典的访问控制模型。

一、BLP 模型

BLP 模型是 1973 年由贝尔和拉帕杜拉提出的安全模型，也称为贝尔-拉帕杜拉保密性模型。BLP 模型是第一个正式的访问控制模型，该模型基于强制访问控制策略，以敏感度对资源的安全级别进行划分，并依据级别对访问活动进行限制，从而确保数据的保密性。

BLP 模型将主体对客体的访问方式分为 r、w、a、e 四类，分别对应于只读（read）、读写（write）、只写（append）和执行（execute）。读写和只写的区别在于：如果对一个文档的访问方式是只写，那么只能向文档中添加信息，文档的内容无法读取。举例来看，教师让所有学生把作业以只写的方式写入指定的文档，每个学生看不见其他学生提交的作业，只能把自己的作业内容附加在文档上。而读写操作则不存在这样的限制，主体既能读取客体的内容，也能向其中写入信息。

BLP 模型采用强制访问控制策略，为主体和客体赋予安全标签。主体和客体的安全标签包括绝密级、机密级、秘密级、受限级和公开级五个级别，五个级别的安全性依次递减。客体上的标签称为安全类（security classification），主体上的标签称为安全级（security clearance）。BLP 模型中的强制安全策略包括简单安全性和“*”特性。以 $\lambda(a)$ 表示主体或者客体 a 的安全标签，则两种特性可以做以下描述。

（一）简单安全性

主体 s 能够读取客体 o，必须要求 $\lambda(s) \geqslant \lambda(o)$。简单安全性强调任何一个主体都不能读取安全类高于其安全级的客体，即不能“向上读”。

（二）“*”特性

主体 s 能够写客体 o，必须要求 $\lambda(s) \leqslant \lambda(o)$。“*”特性是指任何一个主体都不能写安全类低于其安全级的客体，即不能“向下写”。

BLP 模型中的简单安全性和“*”特性对强制访问控制条件的描述是“必须要求”，即给出的条件是必要条件而非充分条件。除了以上两种安全特性，BLP 模型也可以灵活增加其他限制条件，对访问活动进行约束。

遵循 BLP 模型的两种安全特性，对于一个安全级为绝密级的用户，如果有一份安全类为秘密级的文档，用户能够读取该文档，但不能对文档进行写操作。对于一个安全级为秘密级的用户，如果有一份安全类为绝密级的文档，用户读取该文档的操作将失败，但用户能够对文档进行写操作。

BLP 模型中的简单安全性和“*”特性只涉及读操作和写操作，但已经足以描述系统中主要的访问活动。读操作意味着信息从客体流向主体，因此要求 $\lambda(s) \geqslant \lambda(o)$，避免高密级客体的信息流向低密级的主体。而写操作意味着信息从主体流向客体，因此需要 $\lambda(s) \leqslant \lambda(o)$，避免高密级主体的信息流向低密级的客体。实际系统中可能还存在其他一些操作，如创建客体和销毁客体等操作。创建客体和销毁客体会修改客体的状态，可以看作写操作，也能够通过“*”特性进行限制。

BLP 模型的强制访问控制可以概括为防范“上读，下写”，模型确保了信息的保密性。上文介绍的“*”特性也称为自由“*”特性，自由“*”特性的一个缺陷是允许低安全级的主体对高安全级的客体进行写操作，这种“上写”操作有可能破坏客体。要防止这种存在一定安全风险的“上写”，BLP 模型中还提出了一种严格“*”特性。严格

“*”特性可以描述为：主体 s 能写客体 o，必须要求 $\lambda(s)=\lambda(o)$，即限定进行写操作的主体必须与客体具有相同的安全等级。

在实际的信息系统中，主体和客体的安全标签可能改变，其中一些改变是安全的，而另外一些改变则存在安全风险。例如，一个主体 s 将客体 o 的安全类从 $\lambda(o)$ 改为 $\lambda(o')$，$\lambda(o')>\lambda(o)$，如果 $\lambda(s)=\lambda(o)$，那么这种改变就是安全的。举例来看，可以允许一个秘密级的主体把一个客体的安全类从秘密级提升为机密级，这种改变不会导致安全问题。但是，如果 $\lambda(s)>\lambda(o)$，这种改变就是不安全的。举例来看，一个秘密级的主体 s 把客体 o 的安全类从公开级提升为秘密级，所有安全级为公开级的主体原先能够读取客体 o，在主体 s 实施改变操作以后，这些主体无法再读取客体 o 了。在这种情况下，安全级为公开级的主体可以推断有高安全级的主体提升了客体 o 的安全类，即低安全级的主体能够获知高安全级主体进行的操作，这属于一种信息泄露。在 BLP 模型中若要允许主体修改客体的安全类，必须充分考虑可能导致信息泄露的因素并加以限制。

BLP 模型主要应用于军事领域，它是确保信息系统保密性的访问控制模型典范。BLP 模型的缺点是功能较为单一，易用性较差，在商用系统中较少使用。

二、Biba 模型

BLP 模型提出以后，很多科学家对其进行了深入研究。肯•毕巴（Ken Biba）发现 BLP 模型只解决了信息的保密性问题，无法为信息的完整性提供保证。遵循 BLP 模型的限制，用户可以随意对信息进行修改。1977 年，他在一篇讨论信息系统完整性的论文中提出了 Biba 访问控制模型。

Biba 模型模仿 BLP 模型，采用强制访问控制策略对访问活动进行限定。Biba 模型中的访问操作包括读、写、执行三种。主体和客体被赋予完整性标签，通过完整性标签标识完整性等级。完整性等级包含了信任的概念，主体或者客体的完整性等级越高，其精确度和可靠度也就越高。

Biba 模型支持低水位标记策略、对客体的低水位标记策略、低水位标记完整性审计策略、环策略和严格完整性策略五种完整性安全策略。其中，严格完整性策略最常用，对 Biba 模型的研究也主要围绕该策略进行。严格完整性策略包含简单完整性特性和完整性“*”特性两个重要特性。以 $\omega(a)$ 表示一个主体或者一个客体 a 的完整性标签，则两种特性可以做以下描述。

（一）简单完整性特性

主体 s 能读客体 o，必须要求 $\omega(s) \leqslant \omega(o)$。简单完整性特性是指任何一个主体不能读完整性等级低于其本身的客体，即不能“向下读”。

（二）完整性“*”特性

主体 s 能写客体 o，必须要求 $\omega(s) \geqslant \omega(o)$。完整性“*”特性是指任何一个主体不能写完整性等级高于其本身的客体，即不能“向上写”。

遵循以上两条安全特性，一个完整性等级高的用户，想要访问完整性等级低的文档，读取操作将会失败，但用户能够对文档进行写入操作。一个完整性等级低的用户，想要访问完整性等级高的文档，能够读取文档，但不能对文档进行写入操作。

Biba 模型为了确保信息的完整性要求，对信息的流向进行限定，要求信息从高完整性等级流向低完整性等级。只有低完整性等级的主体才能够读取高完整性等级的客体。相应地，只有高完整性等级的主体才能够写低完整性等级的客体。

Biba 模型与 BLP 模型没有本质差别，两者关注的都是信息的流向。在 BLP 模型中，信息只能由低安全等级向高安全等级流动。而在 Biba 模型中，信息被限定为只能由高完整性等级向低完整性等级流动。如果某个系统同时关注信息的保密性和完整性，可以把 BLP 模型和 Biba 模型结合在一起。但是不能使用一个安全标签同时标识保密性和完整性，原因在于 BLP 模型和 Biba 模型的限制条件是相反的。如果使用一个安全标签同时标识保密性和完整性，其结果是主体和客体必须处于同一级别，读、写等访问操作才能成功。因此，如果需要将 BLP 模型和 Biba 模型结合使用，也需要对保密性和完整性使用独立的安全标签进行控制。以 $\lambda(a)$ 表示一个主体或者一个客体 a 的安全标签，以 $\omega(a)$ 表示主体或者客体 a 的完整性标签，则两种模型结合以后的安全特性可以做以下描述：

第一，主体 s 能读客体 o，必须要求 $\lambda(s) \geqslant \lambda(o)$ 且 $\omega(s) \leqslant \omega(o)$。

第二，主体 s 能写客体 o，必须要求 $\lambda(s) \leqslant \lambda(o)$ 且 $\omega(s) \geqslant \omega(o)$。

将 Biba 模型与 BLP 模型相结合以后，进行访问操作时，信息的流动要求同时满足两个条件：第一，信息只能由低安全等级向高安全等级流动；第二，信息只能由高完整性等级向低完整性等级流动。

与 BLP 模型相比，Biba 模型的实际应用较少，这主要有两方面的原因：一方面，完整性等级的划分比较困难，不像划分保密性等级那么自然；另一方面，按照 Biba 模型，完整级别只能越来越低，不能够被提升，限制条件严格。

第四节　访问控制模型的实现

访问控制模型不仅是理论上的设计，更重要的是必须能够在实际信息系统中实现，确保信息系统中用户使用的权限与用户拥有的权限相对应，限制用户进行非授权的访问操作。目前，信息系统实现访问控制主要采用访问控制矩阵、访问控制表、访问控制能力表和授权关系表四种方式。

一、访问控制矩阵

访问控制矩阵是最常用的一种描述系统中主体对客体访问权限的方法。这种访问控制模型采用二维矩阵的形式描述访问控制规则。每个主体拥有哪些客体怎样的访问权限，每个客体又有哪些主体可以对它实施怎样的访问，将这种关联关系加以阐述，就形成了访问控制矩阵。

访问控制矩阵可以描述为 $M=S\times O\rightarrow 2^A$，其中：

第一，S 表示主体的集合，$S=\{s_1, s_2, s_3, \cdots, s_m\}$，$s_i$（$1\leqslant i\leqslant m$）代表系统中的某个主体。

第二，O 表示客体的集合，$O=\{o_1, o_2, o_3, \cdots, o_n\}$，$o_j$（$1\leqslant j\leqslant m$）代表系统中的某个客体。

第三，A 表示所有访问操作的集合，$A=\{\mathrm{O}, \mathrm{R}, \mathrm{W}, \mathrm{E}, \cdots\}$。集合 A 中通常包含表示隶属关系的拥有（Own），以及读（Read）、写（Write）和执行（Execute）等主体对客体的访问操作。拥有是 DAC 访问控制策略中的概念，是指用户可以授予或者撤销其他用户对文件的访问控制权限，是在访问控制矩阵中经常使用的一种权限。

访问控制矩阵 M 以主体标识行信息、以客体标识列信息，可以表示为：

$$M=\begin{pmatrix} a_{s_1,\ o_1} & a_{s_1,\ o_2} & \cdots & a_{s_1,\ o_n} \\ a_{s_2,\ o_1} & a_{s_2,\ o_2} & \cdots & a_{s_2,\ o_n} \\ \vdots & & & \vdots \\ a_{s_m,\ o_1} & a_{s_m,\ o_2} & \cdots & a_{s_m,\ o_n} \end{pmatrix}$$

矩阵中的元素 $a_{s_i,\ o_j}$（$1\leqslant i\leqslant m,\ 1\leqslant j\leqslant n$）描述了主体 S_i 对客体 o_j 有怎样的访问权限。表 4-1 为访问控制矩阵的一个示例。系统中的用户 1，用户 2，…，用户 M 等主体作为行；文件 1，文件 2，…，文件 N 等客体作为列，每个矩阵元素标识访问权限。例如，以用户 1 作为行标识，文件 1 作为列标识，得到的矩阵元素为（O，R，W），表示用户 1 拥有文件 1，并且能够对文件 1 进行读操作和写操作。

表 4-1　访问控制矩阵

	文件 1	文件 2	文件 3	……	文件 N
用户 1	O，R，W		W		
用户 2	R，W	O，R，W			R
……					
用户 M			R，W		

访问控制矩阵具有简单、直观的优势，但是矩阵中往往出现大量空白，因为在实际的信息系统中，并不是每个主体和每个客体之间都存在访问上的联系。因此，所生成的访问控制矩阵往往是稀疏矩阵，浪费了大量存储空间，这是采用访问控制矩阵实现访问控制模型的一个主要缺点。

二、访问控制表

访问控制表是以文件为中心建立起来的描述访问权限的表格。通过访问控制表，可以很容易地判断出对于特定客体，哪些主体拥有怎样的访问权限进行访问。

访问控制表如图 4-3 所示。对于文件 1，用户 1 拥有该文件，并能够对该文件进行读、写操作；用户 2 能够读、写该文件；用户 3 能够读取该文件。

图 4-3　访问控制表

访问控制表可以看作提取访问控制矩阵中的列信息生成的。针对一个客体，与其有关联的所有主体都会出现在它的访问控制表中，通过查询相应的访问控制表，可以知道各个主体对相应客体的访问权限。系统中的访问控制关系如果以访问控制矩阵 M 描述，提取出各列的信息，以 O_i 表示矩阵 M 中的第 i 列，可以描述为

$$M=\begin{pmatrix} a_{s_1,\ o_1} & a_{s_1,\ o_2} & \cdots & a_{s_1,\ o_n} \\ a_{s_2,\ o_1} & a_{s_2,\ o_2} & \cdots & a_{s_2,\ o_n} \\ \vdots & & & \vdots \\ a_{s_m,\ o_1} & a_{s_m,\ o_2} & \cdots & a_{s_m,\ o_n} \end{pmatrix}=(O_1,\ O_2,\ O_3,\cdots,\ O_n)$$

即对于 1≤i≤n，$O_i=\begin{pmatrix} a_{s_1,\ o_i} \\ a_{s_2,\ o_i} \\ \vdots \\ a_{s_n,\ o_i} \end{pmatrix}$。

O_i 反映了各个主体对客体 o_i 所拥有的访问权限，实际上构成了以 o_i 为核心的访问控制表。

访问控制表是实现访问控制模型的一种成熟、有效且易于理解的方法，许多通用操作系统采用这种方法进行访问控制。访问控制表的主要缺陷在于：如果需要查询某个主体能够访问哪些客体，同时对相应客体有怎样的访问权限，操作将非常困难。唯一的解决方法是遍历所有客体的访问控制表，在每个访问控制表中查找相应主体的访问权限信息，进而进行信息汇总。

三、访问控制能力表

访问控制能力表是以用户为中心建立起来的描述访问权限的表格。能力是访问控制中的重要概念，它是信息系统赋予主体的一种标签，明确了相应的主体可以以怎样的访问权限对特定客体实施访问。

访问控制能力表如图 4-4 所示。对于用户 2，他能够读、写文件 1；他拥有文件 2 并能够读、写该文件；此外，他还能够对文件 3 进行写操作。

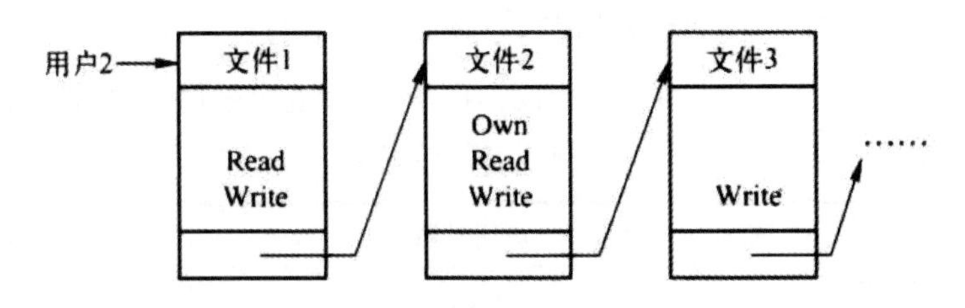

图 4-4　访问控制能力表

访问控制能力表可以看作提取访问控制矩阵中的行信息生成的。访问控制能力表着眼于某一主体的访问权限，从主体出发描述控制权限信息，与主体有关联的所有客体都会出现在相应主体的访问控制能力表当中。通过查询相应的访问控制能力表，可以获知主体被授权访问的客体及相应的访问权限。系统中的访问控制关系如果以访问控制矩阵 M 描述，提取出各行的信息，以 S_i 表示矩阵 M 中的第 i 行，则可以描述为：

$$M=\begin{pmatrix} a_{s_1,\ o_1} & a_{s_1,\ o_2} & \cdots & a_{s_1,\ o_n} \\ a_{s_2,\ o_1} & a_{s_2,\ o_2} & \cdots & a_{s_2,\ o_n} \\ \vdots & & & \vdots \\ a_{s_m,\ o_1} & a_{s_m,\ o_2} & \cdots & a_{s_m,\ o_n} \end{pmatrix}=\begin{pmatrix} S_1 \\ S_2 \\ \vdots \\ S_m \end{pmatrix}$$

即对于 $1\leqslant i\leqslant n$，$S_i=\left[a_{s_i,\ o_1}\ \ a_{s_i,\ o_2}\ \ \cdots\ \ a_{s_i,\ o_m}\right]$。

S_i 反映了主体 s_i 对于系统中所有客体的访问权限，构成了以 s_i 为核心的访问控制能力表。

访问控制能力表基于主体建立，访问控制表基于客体建立，两者的着眼点恰好相反。采用访问控制能力表实现访问控制模型的主要缺点在于：如果需要从客体出发，确定哪些主体对相应客体有怎样的访问权限，操作将非常困难，其解决方法也只能是穷举遍历，在所有主体的访问控制能力表中查找相应客体的访问权限信息，进而汇总。

四、授权关系表

授权关系表也是访问控制模型的一种实现方法。授权关系是对访问权限的描述，每种具体的访问权限被视为一个授权关系，如拥有、读和写等访问权限都被视为授权。

授权关系表包含了主体和客体之间各种授权关系的组合。授权关系表由主体、访问权限和客体三列组成。授权关系表如表 4-2 所示，表中的每一行描述了某一主体对某一个客体的一种授权关系。授权关系表的表结构固定，适合采用关系数据库实现。

表 4-2　授权关系表

主体	访问权限	客体
用户 1	Own	文件 1
用户 1	Read	文件 1
用户 1	Write	文件 1
用户 2	Read	文件 1
用户 2	Write	文件 1
用户 2	Own	文件 2
……	……	……

授权关系表如果按照客体进行排序，相当于以客体为中心，获得与客体相联系的所有主体的访问权限信息，得到的是类似访问控制表的二维表。授权关系表如果按照主体进行排序，相当于以主体为中心，获得与主体相联系的所有客体及相应的访问权限信息，得到的是类似访问控制能力表的二维表。

第五章　计算机虚拟现实技术

第一节　计算机虚拟现实技术的概念及虚拟现实行业存在的机遇与挑战

计算机技术的快速发展与应用，是当今社会进步的重要组成部分。计算机虚拟现实技术，能够真正实现数字化人机交互，还原最真实的视、听、触感。为了能够更好地对计算机虚拟现实技术进行研究，本节从虚拟现实技术的概念入手，就其发展现状和趋势进行分析，通过目前计算机虚拟现实技术在各行业的应用挖掘虚拟现实技术的潜力和价值。

一、虚拟现实技术的概念

虚拟现实（virtual reality, VR），顾名思义，就是利用高性能计算机进行复杂的运算和渲染，虚拟出与现实相同的空间的技术，其手段就是对用户的身体到心理等进行多方面模拟与仿真，使其达到身临其境的效果。该技术得益于计算机技术的迅猛发展，借助虚拟软件和硬件资源，在当前社会取得发展优势和应用前景。

计算机虚拟技术作为一种仿真技术，能够虚拟出逼真的现实场景，但这个场景不是真实存在的。VR 技术在实际应用中，主要借助计算机技术构建虚拟环境，模型构建是虚拟环境的基础，可以增加真实感，往往视觉冲击也是用户的第一手体验。计算机虚拟技术将真实环境转化到计算机中，并创造出虚拟环境。在真实环境中，视听触感对人的身心有着重要影响，通过交互设备将虚物实化，变成看得见、摸得着的，使人获得真实的体验。交互设备是虚拟和现实的桥梁，在空间、视听触觉上，通过交互设备，可以增强真实感、沉浸感，极大还原虚拟环境的真实度。

虚拟现实技术是游戏行业发展的重要组成部分。例如，从电脑游戏的诞生，人们一直渴望游戏中的场景更加真实。但无论如何，电脑屏幕始终是阻隔真实场景的一道墙。例如，虚拟现实技术影响游戏行业的发展趋势，仿真技术增强游戏的真实感，游戏开发商可以将更多精力投入其他方向。第一，虚拟现实技术具有强烈的代入感与真实性，可以调动用户多感知性，延展用户的想象力，给予用户丰富的想象空间，增强游戏的趣味性；从真实场景到虚幻世界，都可以呈现在用户面前，弥补传统游戏在视、听、触方面的不足，不断提升用户的游戏体验。第二，虚拟现实技术将用户代入游戏设定的虚拟环境中，在逼真的虚拟环境下，减少用户在游戏中的不适感，使用户完全沉浸于对游戏中情境的感触与认知。第三，虚拟现实技术借助交互设备，提高了用户在游戏中对物体的可操控程度，以及从游戏环境进行反馈的自然程度。这就增强了虚拟环境中的游戏性与真实性，当用户身处游戏环境中，用手去抓或用脚去踢物品时，它带来的触感和操作感会使用户全身心地融入其中。第四，随着我国游戏事业的发展，手游凭借手机平台优势，呈现出良好的发展趋势。虚拟现实技术在游戏中的应用，能够为客户端游戏以及手游带来新的机遇，促进游戏行业的健康发展与进步。

在一般教学活动中，教师仅依靠肢体、语言或文字展开教学。但实际上，在一些复杂的教学中，简单的表述往往无法使学生充分理解消化。利用计算机虚拟技术，不仅能激发学生的学习兴趣，还能让教学内容更加生动形象，便于学生学习理解。例如，虚拟现实技术在教育行业的应用，丰富了传统的教育手段，使教学更加生动有趣，利用 VR 技术让学生参与进来，辅导教学，能提高学生的学习兴趣，从而增强学生学习知识的积极性和主动性。此外，虚拟技术突破了传统教学时间、空间的限制，可以合理分配教学资源，促进教育事业的发展。

在医疗行业中，医生往往依靠传统手段了解和治疗患者的病痛。但传统手段有局限性，医生并不能依靠传统手段直观了解患者的身体情况，这一定程度上增加了治疗的时间和难度。利用虚拟现实技术，借助感觉手套、跟踪球、HMD（头戴式显示器）等技术手段可以更加直观地了解人体的内部构造，这样临床医生在对患者的诊断和治疗中，能够更准确地了解患者的患病情况。除此之外，实习外科医生可以利用虚拟现实技术真实模拟手术情境，积累手术经验，提升技术能力。在真正的手术前，虚拟现实技术可以让医生身临其境，直观地感受患者的身体构造，有助于制定最完善手术预案和最佳治疗方案，更加精准定位病害位置，降低手术带来的风险。而且，患者与家属也可以更加直观地了解病处，增强患者和家属的治疗信心，在促进患者康复的同时较少医患关系紧张带来的影响，促进医疗行业稳定健康发展。

在军事航空业中，模拟练习一直是其发展的关键。传统的模拟训练对人力、物力的消耗巨大，而虚拟现实技术应用在这一领域能为其发展提供良好的前景。例如，在单兵作战中，可以模拟不同的作战场景，使士兵产生沉浸式的作战感受，体验战斗，增强士兵的作战意识和作战能力，提高士兵的战术水平和心理素质。在军事训练中，虚拟现实技术可以构建出真实的战场环境，这样士兵可以通过交互设备进行模拟演习，提高训练质量，改善演习效果。此外，在航空航天中虚拟现实技术也得到了广泛应用。首先，航空事业耗资较大，工作性质具有较强的危险性。通过虚拟现实技术模拟各种已知和未知环境，通过大量的模拟训练将事故的发生概率降到最低，这样不仅能降低科研成本，还能系统地进行训练，及时发现问题。同时，虚拟现实技术还可以模拟太空环境，有效帮助宇航员进行训练，丰富训练的方法和手段，提升训练的质量和效率。

工业作为我国的支柱型产业，在去产能时期，对工作人员的工业技能提出了更高的要求，工业企业需要完成对工作人员的深度培训工作。但是从工业企业运行的特殊性角度考虑，为了节约培训成本，传统的培训方法主要为理论讲解模式，对施工人员的培训效果较差。而虚拟现实技术的应用，可以帮助工业企业更好地对工作人员进行培训，提高工作人员的实际操作能力，保证培训效果。工业企业可以以各类生产技术为基础，设定各类设备的展示程序，在人员培训中根据各类设备的实际故障情况进行模拟展示，让工作人员完成故障诊断工作，并通过手持设备模拟实际操作过程。

综上所述，虚拟现实技术作为一项高新技术，本身具有十分广阔的市场前景。虚拟现实技术深化了人类对现实世界的认识，提高了人类感知空间的能力，应用领域越来越多，如影视、旅游、科研等，潜力巨大。但受技术条件限制，目前虚拟现实技术还存在一系列问题，相信随着科技的不断发展、创新，必定会取得更多更好的成绩，从而促进各个领域的发展。

二、虚拟现实行业存在的机遇与挑战

虚拟现实行业是一个以技术为驱动，以体验为手段，满足人们在物质、精神不同层面、不同目标追求（娱乐、社交、教学培训、预体验等）的行业。从应用领域角度来讲，虚拟现实并不是某一种计算机技术，而是众多专业领域之间互相交织、综合应用的统称。

通过虚拟现实技术，很多行业将发生改变和升级。在工业生产领域中，高风险、高成本的产业将在虚拟现实技术的辅助下，有效降低甚至规避风险，降低成本，从而加速产业发展。在服务产业中，无论是教育、娱乐，还是旅游、室内装饰等，通过虚拟现实技术，人们也将感受到更丰富的服务体验。

然而，虚拟现实技术依然在应用与科研成果之间存在较大差距，在以下四个核心方面还需要开发者去解决和完善：

首先，如今仍缺乏有效、简单且稳定的与虚拟现实世界中数字物体交互的软硬件解决方案。在目前的人机交互硬件领域，只有鼠标和键盘是认知及普及率最高的设备。但这两种设备均不适合在沉浸式体验环境中进行人机交互。虽然目前出现了大量可穿戴式设备，如头部跟踪、手持跟踪、身体运动跟踪，但这些设备也普遍存在难以穿戴、难以应用等问题。

其次，在目前的网络游戏中，人与人之间的交互方式只能采用游戏设计者预先规定好的方式，无法完全按照人在自然世界中的方式去交互（包括面部表情交互、语言语音交互、肢体语言交互），缺乏真正意义上的人与人互动和人与物互动软件算法及应用方式。这些交互方式在真实世界中，是人与人交流中最为关键的部分，但如何在虚拟现实世界中去有效呈现，依然没有最佳解决方案（仅存在可替代式解决方案，如表情符号）。在目前的虚拟现实世界中，相较于人与人交互，人与物交互更难以解决。这里涉及自然客观物理现象法则的重建和重现、网络延迟、交互信息丢失等问题的困扰，无法解决这些问题，就没有办法建立起真正的可互动式虚拟现实世界。

再次，虚拟现实行业的繁荣需要大量有效内容的存在，且虚拟现实的应用场景要远多于游戏的应用场景，因此在虚拟现实类应用中，非常关键的一个因素就是这类应用的生产成本。生产成本涵盖两个方面：一是生产内容元素的成本，二是虚拟现实场景的应用成本。要想降低这两个方面的成本，就要对软件的算法进行升级。

最后，虚拟现实世界中的场景规模要远远大于现实世界中的场景规模，可谓一沙一世界。这一必然结论，会带来虚拟世界中关于虚拟世界的存在条件、虚拟平行世界间的关联交互性等思考。

第二节　计算机虚拟现实技术的发展现状和趋势

计算机行业的迅猛发展，促使虚拟现实技术得到了较为明显的发展与进步，虚拟现实技术作为当今时代发展过程中较为先进的一项技术，能够真正实现数字化人机交互，其最为显著的特征就是交互性、沉浸性以及构想性，能够给人一种身临其境之感。

虚拟现实技术是计算机信息技术不断发展过程中衍生的一种高新技术，一般情况下我们也可以将其称为灵境技术或者人工环境。在实际应用过程中，这一技术主要是借助计算机来模拟一个三维的虚拟世界，从听觉、视觉以及触觉等多方面进行感官模拟，使用者可以在这一环境中直接与虚拟现实场景事物展开交互，同时按照自身需求来对三维空间事物进行浏览，产生一种身临其境之感，获得较为真实的感受。这一技术是现如今社会上较为先进的一种技术，集成了计算机仿真技术、显示技术、计算机图形技术、人工智能技术、传感技术等多项技术成果。我国早在 20 世纪 90 年代就已经开始对虚拟现实技术进行研究，那个时候因为受到技术、成本等多方面因素的影响，以商用或者军用为主。在社会不断发展的过程中，计算机软硬件技术得到了更为显著的发展，虚拟现实技术因此得到了进一步的发展与完善，开始逐渐进入大众市场，应用范围也变得越来越广泛。

虚拟现实技术的存在从某些方面来说为人机交互界面的发展提供了一个全新的研究领域。这一种基于可计算信息的沉浸式交互环境，本身就是将计算机技术作为核心，然后以此来生成一个逼真的视、听、触一体化环境。虚拟现实技术的存在直接改善了人们利用计算机进行多工程数据处理的方式，特别是在对大量抽象数据进行处理的过程中应用这一技术能够达到更好的效果，不同领域以及企业应用这一技术还能因此而获得较为显著的经济效益。总而言之，虚拟现实技术属于一项综合集成技术，涉及多个领域，也因其自身所独有的特征而让人能够自然地体验虚拟世界，并获得身临其境之感。

一、虚拟现实技术的发展现状分析

计算机虚拟现实技术最开始是由美国人所提出的一个理念，之后被美国宇航局应用到航天事业之中。如今，虚拟现实技术虽然已经有所发展，可是就实际发展现状来看，仍处于初级研究阶段。就现如今计算机虚拟现实技术的研究现状来分析的话，其主要是研究感知、硬件、后台软件以及用户界面这四个方面。而就当前研究现状来分析的话，场馆虚拟漫游可以说是研究过程中较为困难的一个方面。一般情况下，在进行建模与绘制的过程中，都会在绘制速度与模型精细度上选择一个较为恰当的平衡点，这样不仅能够有效保障绘制的质量，还能够增强用户的体验感。现如今世界上已经有较多的计算机虚拟现实技术开发商，而且已经开发出了一些虚拟现实软件的平台，这些平台的存在也在很大程度上促进了虚拟现实技术应用效果的提升。但是，就总体开发现状来看，依然还是存在较多问题，特别是自主知识产权保护等导致我们对核心技术不够了解，自然就会影响计算机虚拟现实技术价值的实现。

二、虚拟现实技术的发展趋势

虚拟现实技术属于高集成技术，涵盖了计算机软件、传感器等技术，在整体上具有先进性。因此，虚拟现实技术在当前社会中具有良好的应用前景，能满足多种工作环境的要求。

未来虚拟现实技术将会朝着以下方向进一步发展：

（一）动态环境建立技术

计算机虚拟现实技术在实际应用过程中，最为关键的还是对虚拟环境的创建，而对于这一部分内容，动态环境建立技术则是实现虚拟环境创建的关键。动态环境建立技术的发展能够获得更为真实的环境数据，从而创设出更为良好的虚拟环境模型。

（二）实时三维图像生成与显示

三维图形生成技术现如今可以说是已经步入了成熟阶段，而今后发展方向则在于如何生成与显示，尤其是如何在不降低图像质量与复杂程度的基础上实现对频率的刷新。除此之外，虚拟现实技术的发展本身就依赖于传感器与立体显示器，所以在今后的研究过程中还需要对三维图像生成与显示技术进行进一步的研究与开发，这样才能更好地满足系统需求，真正有效地发挥出计算机虚拟现实技术的价值，将其有效地应用到各个领域之中。

（三）加强对新型交互设备的研制

虚拟现实技术在实际应用过程中要想有效实现人们自由地和虚拟世界内的对象进行交互，并且从中获得一种身临其境之感，必然要借助主要的输出、输入设备，以及数据手套、三维声音产生器、头盔显示器、三维位置传感器、数据衣等一系列交互设备。而为了能够进一步促进计算机虚拟现实技术的发展与进步，今后在对计算机虚拟现实技术进行研究的过程中，必然要加强对这些交互设备的研究，尽量研制出价格低廉、耐用的新型交互设备，从而进一步发挥出其对各个领域的促进作用。由此可见，计算机虚拟现实技术今后发展的趋势之一就包含了加强新型交互设备研制这一点，我国可以以此来展开研究与分析，进一步促进计算机虚拟现实技术的发展与进步，让其更好地促进各个领域的发展。

（四）智能语音虚拟建模

计算机虚拟现实技术今后的发展趋势还表现在智能语音虚拟建模这一方面。这一项工作本身就十分复杂，在实际操作过程中需要花费较多的时间和精力，如果在进行研究的过程中能够将语音识别、智能识别等技术和虚拟现实技术有效结合在一起，就能更好地解决这一问题。具体而言，在发展过程中，我们可以对模型本身的属性、方法以及特点进行描述，借助语音识别技术来对建模数据进行有效的转化，同时借助计算机的图像处理技术、人工智能技术来对其进行有效的设计与评价，这样就能将模型使用对象表示出来，同时还能按逻辑让各个模型都能够进行静态与动态的有效衔接，创造出具有高价值的系统模型。在建模工作完成之后，我们还需要对其进行有效的评价，借助有效的评价来进一步发挥其价值，并且由人工语言来进行再次编辑与确认，从而进一步促进计算机虚拟现实技术的发展与进步。

（五）积极使用大型分布式网络虚拟现实技术

存在于虚拟现实基础之中的分布式网络，主要的任务就是将零散的虚拟现实系统、仿真器借助网络有效地衔接在一起，在这一过程中相关人员需要使用统一的标准、数据库、结构以及协议来创建出一个在时间、空间等多方面有效联系的虚拟合成系统，而使用者则可以在这一过程中进行自由且有效的交互，从而最大限度地发挥出计算机虚拟现实技术的价值。就目前分布式虚拟现实交互现状来看，其已经成为国际上研究的热点之一，所以在今后的发展过程中，积极使用大型分布式网络虚拟现实技术可以说是较为重要的趋势之一，毕竟大型分布式虚拟现实技术在航天事业上有着较为显著的价值，借助这一技术能够有效地减少不必要的成本与经费，同时还能有效地减少相关人员的不适感，进一步发挥出计算机虚拟现实技术对军事航天领域的促进作用。

综上所述，虚拟现实技术作为一项先进的高新技术，本身就具有良好的发展前景，不仅具有较为广泛的应用范围，还能发挥出较为显著的价值，但是在实际应用过程中依然还是无法避免地会出现各种各样的问题，而这也是计算机虚拟现实技术在今后发展中需要应对的问题。

第三节　虚拟现实技术与计算机网络教学

虚拟现实技术是继多媒体、计算机网络之后，在教育领域内最具有应用前景的“明星”技术。在教育领域中，虚拟现实技术显示出独特的优势，促使教育形态、教育环境、教学过程的基本要素及相互关系发生了重大变化。利用虚拟现实技术能为学习者构建良好的学习环境，提高学习者的参与程度，实现良好的学习效果。

一、虚拟现实技术在计算机网络教学中的应用分析

计算机硬件和网络硬件课程要求培养学习者对计算机硬件设备和网络硬件设备的认识、对各部件功能和特征的理解能力以及动手组建计算机设备及网络搭建的实践能力，从多个角度实现技术学习与实践应用的有机融合。目前的计算机硬件和网络知识教育以教师列举单个实物为主线，以口耳相传的方式，辅以多媒体教学软件教学以及有限的学生实践，来实现计算机网络理论与组网技术的传播。其中，多媒体教学软件只是用来展示现有的网络组建模式和已安装完成的计算机实物图片，已经无法满足现代教学活动发展的新要求。因此，要想使学生在计算机硬件、网络硬件组建的课程学习中获得更多的动手机会，就要通过教学手段的改革来满足学习者对相关技术的学习需要。

虚拟现实技术为人们提供了一种理想的教学手段，目前在国外已被广泛应用在军事教学、体育训练、医学实习和一些学校的实际教学中。虚拟现实技术辅助教学作为一种较好的教学手段同样可以引入计算机硬件、网络技术的教学过程中，利用虚拟现实建模语言 VRML 构建三维场景。教学过程中根据教学内容的不同可以随机控制场景的角度、景别，可以随意移动场景内计算机硬件及网络硬件各部件，使每个学生都有机会亲手组装一台计算机设备，或把已有的网络部件按照不同的需求组建成不同规模的计算机网络。虚拟现实技术的应用，使计算机硬件和网络的教学有了更好、更完善的发展机会。

二、虚拟现实技术在计算机网络教学中应用的意义

虚拟现实对教育领域的全方位渗透，从根本上改变了人们的思维习惯和传统学习环境，逐渐走向由虚拟教师、虚拟学习伙伴、虚拟实验、虚拟图书馆、虚拟辅导、虚拟测验等构成的虚拟学习环境。应用虚拟现实中三维实时渲染技术开发的教育软件系统，能够营造逼真直观的学习环境，给人以身临其境之感，让学习者沉浸在虚拟世界里，对学习目标进行实时观察、交互、参与、实验漫游等操作，给予学习者充分的体验和想象空间。学习者由传统学习环境的观察者转变为参与者，在学习时具有控制权和主动权。

另外，虚拟现实系统多维度呈现信息，如用图形、图片、动画等方式说明问题，学习者学习时能够同时调动视觉、听觉等多感官的参与，对学习者全身心投入学习过程起

到十分重要的促进作用。桌面虚拟的三维学习环境的设计容易构建以学生为中心的教学环境，调动学生的参与性，能通过设计灵活多样的交互方式，采用探索法、发现法等要求学习者主动参与同虚拟对象的互动以完成学习任务，增强学习者学习的主动性。创设有意义的情境，可以锻炼学生的发散思维，提高其观察能力和运用知识解决问题的能力，也能够使学习的外在动机和内在动机统一起来，促进学习者智商和情商的协调发展。

虚拟现实技术的优势在于：对于学习者，它创造了可以进行交互、直观、自主探索的学习环境；对于教学人员，它提供了一种全新、灵活的教学手段。目前也尚有诸多因素限制它在教育领域的广泛应用，如使用要求的不断提高、程序的烦琐等。但我们应该不断努力、不断发展和完善该项技术，使其能够更好地服务于实际教学。

第六章　计算机视觉技术

第一节　计算机视觉下的实时手势识别技术

在全球信息化背景下，越来越多的新科技逐渐发展起来，图像处理技术领域也取得了长足的发展。随着图像处理技术和模式识别技术等相关技术的不断发展，以及计算机技术的巨大发展，人们的生活较以往有了巨大的改观，人们也越来越离不开计算机技术。在这种大环境下，人们也开始着重研究实时手势识别技术。

在人类科学技术飞速发展的今天，人们在日常生活中已经广泛应用到人机交互技术，人机交互技术已经在人们的日常生活中占据越来越多的“戏份”。在现代计算机技术的加成下，人机交互技术可以通过各种方式、各种语言使人们和机器设备进行交流。在这方面，利用手势进行人机对话也是特别受人欢迎的方式之一。所以，在计算机视觉下的实时手势识别技术也被越来越多的人研究，而且已经初步成型。只不过，要想实现实时手势识别技术的普及，还需要加强对其中一些相关技术的研究，解决掉现在实时手势识别技术所存在的一些问题，为对图像的准确识别和依据图像内容作出准确的反应做保证。

一、手势识别技术概述

手势识别技术是近几年发展起来的一种人机交互技术，是利用计算机技术，使机器对人类的表达方式进行识别的一种方法。它可以根据设定的程序和算法，使工作人员和计算机之间通过不同的手势进行交流，再用计算机上的程序和算法对相应的机器进行控制，使机器根据工作人员的不同手势做出相应的动作。工作人员做出的手势可以分为静态手势和动态手势两种，静态手势就是指工作人员做出一个固定不变的手势，以这种固定不变的手势表示某种特定的指令或者含义，通俗点说，就是人们常说的固态姿势。另外一种是动态手势，也就是一个连续的动作，相对于静态手势来说，就显得比较复杂了。通俗点说，就是让操作者完成一个连续的手势动作，然后让机器根据这一连串的手部动作完成人们所期望的指令，给出人们所期望的反应。

手势识别技术和其他计算机科学技术一样，都需要硬件平台和软件平台两个方面的支持。在硬件平台方面，必须配备一台电脑和一台能够捕捉到图像的高清网络摄像头，电脑的配置当然要尽可能高，具备强大的运算能力，能够快速运算、稳定输出，对摄像头的要求也比较高，要能够清晰地拍摄到操作者的手部动作，不论是固定的静态手势还是连续的动态手部动作，都要能够清楚地记录跟踪，并传送给电脑。在软件平台方面，一般都是利用 C 语言开发平台，通过一些开源数据库，编写成一定的算法和程序，再配上视觉识别系统，利用这些程序进行控制和运行，分别对各种不同的静态手势和动态手势进行识别，实现人机交互的功能。

录入摄像头拍摄到的图像、视频，对视频软件进行开发，可选择的操作系统有很多，不同的研发单位可以根据自己的情况进行选择。为了能够捕捉不同的视频画面，摄像头捕捉画面的能力就要比较高。要建立不同的函数模型，以一定的程序来调用这些函数模型，再在建立的不同窗口来进行显示，在所使用的摄像头上也要装上一定的摄像头驱动程序，来驱动摄像头工作。以此，便可以根据相关的数据模型，把捕捉到的视频或图像画面，在特定的窗格中显示出来。

要将摄像头读取到的手势动作进行固定操作。实现手势的固定操作要通过不同的检测方法，最常见的固定方法有两种：运动检测技术和肤色检测技术。前一种固定方法指的是，当做出一个动作时，视频图像中的背景图片会按一定的顺序进行变化，通过对这种背景图片的提取，再和以前未做动作所保留的背景图片做对比，根据背景图片的这种按顺序的形状变化的特点来固定手势动作。但是由于一些不确定因素的影响，如天气和光照等，它们的变化会使计算机背景图片分析和提取不准确，使得运动检测技术在程序设计的过程中不易实现。而后一种肤色检测技术正是为了减少这种光照或者天气等不确定因素的影响，来对手势动作进行准确定位的。肤色检测技术的原理是通过色彩的饱和度、亮度和色调等对肤色进行检测，然后利用肤色具有比较强的聚散性质，和其他颜色对比明显的特点，使机器将肤色和其他颜色区别开来，在一定条件下能够实现比较准确的固定手势动作。

实现手势分析的关键环节是完善手势跟踪技术，从实验数据显示的结果来看，利用不同的算法来跟踪手势动作，能够对人脸和手势的不同动作进行有效识别。如果在识别过程中出现了手势动作被部分遮挡的情况，则需要进一步对后续遮挡的手势动作进行识别，通过改进算法来解决摄像头拍摄不全的问题，再应用适合的肤色跟踪技术，得到具体的投射视图。

要想在视觉领域应用计算机软件技术，对数字和图像进行处理，并应用于手势识别领域，就要借助计算机手势分割技术。计算机手势分割技术是指在操作者的手运动的时候，摄像头采集并传递给计算机的图像数据，会被计算机当中的软件系统识别。如果不对动态手势图像进行手势分割技术处理，就有可能在肤色和算法的共同作用下，把算法数据转换为形态学指标，也就有可能导致数据模糊和膨胀，造成识别不准确的现象。

二、计算机视觉下实时手势识别的方式

（一）模板识别方式

在静态手势的识别中经常被用到的最为简单的实时手势方式就是模板识别方式。它的主要原理是提前将要输入的图像模板存入计算机内，然后根据摄像头录入的图像进行相应的匹配和测量，最后通过检测其相似程度来完成整个识别过程。这种实时手势识别方式简单、快速，但是由于它也存在识别不准确的情况，因此需要根据实际情况，选择不同的识别方式。

（二）概率统计模型

由于模板识别方式存在模板不好界定的情况，有时候容易引起错误，所以我们引入了概率统计的分类器，通过估计或者是假设的方式对密度函数进行估算。在动态手势识别过程中，典型的概率统计模型就是 HMM（隐马尔可夫模型），它主要用于描述一个隐形的过程。在应用 HMM 时，要先训练手势的 HMM 库，然后在识别的时候将等待识别的手势特征值带入模型库中，这样对应概率值最大的那个模型便是手势特征值。概率统计模型存在的问题就是对计算机的要求比较高，需要计算机有强大的计算能力。

（三）人工神经网络

作为一种模仿人与动物活动特征的算法，人工神经网络在数据图像处理领域中发挥着巨大优势。人工神经网络是一种基于决策理论的识别方式，能够进行大规模分布式的信息处理。在近年来的静态和动态手势识别领域，人工神经网络的发展速度非常快，通过各种单元之间的相互结合，加以训练，估算出的决策函数能够比较容易地完成分类、识别的任务，减少误差。

三、实时手势识别技术的发展方向

（一）早日实现一次性成功识别

以现在实时手势识别技术的发展现状，无论使用什么样的算法，基本上都不能做到一次性成功识别，都会经历多种不同的训练阶段。所以，关于手势识别技术在未来的发展，我们的研究方向主要是保证怎么样一次性快速识别，而且要保证识别的准确性，这是十分重要的，需要我们在软件平台和硬件平台等各个方面同时努力，加大研究投入，争取早日实现一次性成功识别。这样才能极大提高手势识别的效率，使实时手势识别技术得到更大范围的推广，为社会的生产加工作出更多的贡献。

（二）争取给用户最好的体验

虽然实时手势识别技术对计算机来说显得比较复杂，尤其是对图像的处理，但是对于它的体验者来讲，则是和传统的交互方式完全不同的另一种体验。从现状来看，实时手势识别技术还处于发展阶段，并没有给用户一个非常完美的体验，所以在发展实时手势识别技术的过程中，应该多和用户进行沟通，询问体验用户的感受，不断调整发展策略或制定新的发展策略，改进实时手势识别技术。一方面，我们要提高图像的录入质量和计算机运算的速度。另一方面，我们还需要切实考虑用户的体验感受，从多个方面着手研究，使实时手势识别技术能够给用户带来最好的体验。

在计算机视觉下的实时手势识别技术在今天的日常生活和科技发展中已经显得特别重要，其研究成果在人与机器的沟通交流过程中具有非常重要的作用，可以极大地方便人与机器设备的沟通，让我们可以更轻松地对机器设备传递指令，使机器设备方便快捷地完成某种动作，达到我们想要达到的目的。但是由于现阶段环境的复杂性和一些技术上的缺陷，致使实时手势识别技术在应用的过程中仍旧存在一些不足，需要我们继续努力，加快发展，尽早实现实时手势识别技术的普及应用。

第二节　基于计算机视觉的三维重建技术

单目视觉三维重建技术是基于计算机视觉的三维重建技术的重要组成部分，目前已有的基于计算机视觉的三维重建技术种类繁多且发展迅速。

基于计算机视觉的三维重建技术是通过对采集的图像或视频进行处理以获得相应场景的三维信息，并对物体进行重建。该技术简单方便，重建速度较快，可以不受物体形状限制而实现全自动或半自动建模。目前基于计算机视觉的三维重建技术广泛应用于包括医疗系统、自主导航、航空及遥感测量、工业自动化等在内的多个领域。

本节根据近年来国内外的研究对基于计算机视觉的三维重建技术中的常用方法进行分类，并对其中实际应用较多的几种方法进行介绍、分析和比较，指出基于计算机视觉的三维重建技术今后面临的主要挑战和未来的发展方向。本节将重点阐述单目视觉三维重建技术中的从运动恢复结构法。

一、基于主动视觉和被动视觉的三维重建技术

通常三维重建技术首先需要获取外界信息，再通过一系列的处理得到物体的三维信息。数据获取方式可以分为接触式和非接触式两种。接触式方法是利用某些仪器直接测量场景的三维数据。虽然这种方法能够得出比较准确的三维数据，但是它的应用范围有限。非接触式方法是在测量时不接触被测量的物体，通过光、声音、磁场等媒介来获取目标数据。这种方法的实际应用范围要比接触式方法广，但是在精度上没有接触式方法

高。非接触式方法又可以分为主动和被动两类。

（一）基于主动视觉的三维重建技术

基于主动视觉的三维重建技术是直接利用光学原理对场景或对象进行光学扫描，然后通过分析扫描得到数据点云，从而实现三维重建。主动视觉法可以获得物体表面大量的细节信息，重建出精确的物体表面模型。它的不足之处在于成本高昂，操作不便，同时由于环境的限制不可能对大规模复杂场景进行扫描；其应用领域也有限，而且其后期处理过程也较为复杂。目前比较成熟的主动方法有激光扫描法、结构光法、阴影法等。

（二）基于被动视觉的三维重建技术

基于被动视觉的三维重建技术就是通过分析图像序列中的各种信息，对物体的建模进行逆向工程，从而得到场景或场景中物体的三维模型。这种方法并不直接控制光源，对光照要求不高，成本低廉，操作简单，易于实现，适用于各种复杂场景的三维重建；不足之处是对物体的细节特征重建还不够精确。根据相机数目的不同，被动视觉法又可以分为单目视觉法和立体视觉法。

1.基于单目视觉的三维重建技术

基于单目视觉的三维重建技术是仅使用一台相机来进行三维重建的方法，这种方法简单方便、灵活可靠、使用范围广，可以在多种条件下进行非接触、自动、在线测量和检测。该技术主要包括 X 恢复形状法、从运动恢复结构法和特征统计学习法。

（1）X 恢复形状法

若输入的是单视点的单幅或多幅图像，则主要通过图像的二维特征（用 X 表示）来推导出场景或物体的深度信息，这些二维特征包括明暗度、纹理、焦点、轮廓等，因此这种方法也被统称为 X 恢复形状法。这种方法设备简单，使用单幅或少数几张图像就可以重建出物体的三维模型；不足之处是通常要求的条件比较理想化，与实际应用情况不符，重建效果也一般。

（2）从运动恢复结构法

若输入的是多视点的多幅图像，则通过匹配不同图像中的相同特征点，利用这些匹配约束求取空间三维点的坐标信息，从而实现三维重建，这种方法被称为从运动恢复结构法（Structure from Motion, SfM）。这种方法可以满足大规模场景三维重建的需求，且在图像资源丰富的情况下重建效果较好；不足之处是运算量较大，重建时间较长。

目前，常用的 SfM 方法主要有因子分解法和多视几何法两种。因子分解法将相机模型近似为正射投影模型，根据秩约束对二维数据点构成的观测矩阵进行奇异值分解，从而得到目标的结构矩阵和相机相对于目标的运动矩阵。该方法简便灵活，对场景无特殊要求，不依赖具体模型，具有较强的抗噪能力；不足之处是恢复精度并不高。

通常，多视几何法包括以下四个步骤：

①特征提取与匹配

特征提取首先用局部不变特征进行特征点检测，再用描述算子来提取特征点。特征匹配是在两个输入视图之间寻找若干组最相似的特征点来形成匹配。传统的特征匹配方法通常是基于邻域灰度的均方误差和零均值正规化互相关这两种方法。

②多视图几何约束关系计算

多视图几何约束关系计算就是通过对极几何将几何约束关系转换为基础矩阵的模型参数估计的过程。为了避免由光照和遮挡等因素造成的误匹配，学者们在鲁棒性模型参数估计方面做了大量的研究工作。在目前已有的相关方法中，最大似然估计法、最小中值算法、随机抽样一致性算法使用得最为普遍。

③优化估计结果

当得到了初始的射影重建结果之后，为了均匀化误差和获得更精确的结果，通常需要对初始结果进行非线性优化。在 SfM 中对误差应用最精确的非线性优化方法就是光束法平差。光束法平差是在一定假设下认为检测到的图像特征中具有噪声，并对结构和可视参数分别进行最优化的一种方法。近年来，众多的光束法平差算法被提出，这些算法主要解决光束法平差有效性和计算速度两个方面的问题。

④得到场景的稠密描述

经过上述步骤后会生成一个稀疏的三维结构模型，但这种稀疏的三维结构模型不具有可视化效果，因此要对其进行表面稠密估计，恢复稠密的三维点云结构模型。近年来，学者们提出了各种稠密匹配的算法。基于面片的多视图立体视觉算法是目前提出的准稠密匹配算法里效果最好的算法。

综上所述，SfM 方法对图像的要求非常低，实用价值较高，可以对自然地形及城市景观等大规模场景进行三维重建；不足之处是运算量比较大，对特征点较少的弱纹理场景的重建效果比较一般。

（3）特征统计学习法

特征统计学习法是通过学习的方法对数据库中的每个目标进行特征提取，然后对目标的特征建立概率函数，最后将目标与数据库中相似目标的相似程度表示为概率的大小，再结合纹理映射或插值的方法进行三维重建。该方法的优势在于只要数据库足够完备，任何和数据库目标一致的对象都能进行三维重建，而且重建质量和效率都很高；不足之处是和数据库目标不一致的重建对象很难得到理想的重建结果。

2.基于立体视觉的三维重建技术

立体视觉三维重建是采用两台相机模拟人类双眼处理景物的方式，从两个视点观察同一场景，获得不同视角下的一对图像，然后通过左右图像间的匹配点恢复场景中目标物体的三维信息。立体视觉方法不需要人为设置相关辐射源，可以进行非接触、自动、在线的检测，简单方便，可靠灵活，适应性强，使用范围广；不足之处是运算量偏大，而且在基线距离较大的情况下重建效果不佳。

随着上述各个研究方向所取得的积极进展，研究人员开始关注自动化、稳定、高效的三维重建技术。

二、基于计算机视觉的三维重建技术面临的问题和挑战

SfM 方法目前存在的主要问题和挑战如下：

鲁棒性问题：SfM 方法鲁棒性较差，易受到光线、噪声、模糊等问题的影响，而且在匹配过程中如果出现了误匹配问题，就可能导致结果精度下降。

完整性问题：SfM 方法在重建过程中可能由于丢失信息或不精确的信息而难以校准图像，从而不能完整地重建场景结构。

运算量问题：SfM 方法目前存在的主要问题就是运算量太大，导致三维重建的时间较长，效率较低。

精确性问题：目前 SfM 方法中的每一个步骤，如相机标定、图像特征提取与匹配等一直都无法得到最优化的解决，导致该方法的易用性无法得到增强，精确度无法得到提高。

针对以上这些问题，在未来一段时间内，SfM 方法的相关研究可以从以下几个方面展开：

第一，改进算法。结合应用场景，改进图像预处理和匹配技术，减少光线、噪声、模糊等问题的影响，提高匹配准确度，增强算法鲁棒性。

第二，信息融合。充分利用图像中包含的各种信息，使用不同类型的传感器进行信息融合，丰富信息，提高完整度，增强通用性，完善建模效果。

第三，使用分布式计算。针对运算量过大的问题，采用计算机集群计算、网络云计算以及 GPU 计算等方式来提高运算速度，缩短重建时间，提高重建效率。

第四，分步优化。对 SfM 方法中的每一个步骤进行优化，增强方法的易用性，提高精确度，使三维重建的整体效果得到提升。

基于计算机视觉的三维重建技术在近年来的研究中取得了长足发展，其应用领域涉及工业、军事、医疗、航空航天等诸多行业，但是要想将这一技术更好地应用到实际中还要进行更进一步的研究和考察。基于计算机视觉的三维重建技术还需要在增强鲁棒性、降低运算复杂度、减少运行设备要求等方面加以改进。因此，在未来很长一段时间内，研究人员仍需要在该领域进行更加深入细致的研究。

第三节　基于监控视频的计算机视觉技术

近年来，大规模分布式摄像头数量的迅速增长，使摄像头网络的监控范围迅速增大。摄像头网络每天都产生规模庞大的视觉数据，这些数据无疑是一笔巨大的宝藏，如果能够对其中的信息加以加工、利用，挖掘其价值，能够极大方便人类的生产生活。然而，由于数据规模庞大，依靠人力进行手动处理数据，不但人力成本昂贵，而且不够精确。具体来讲，在监控任务中，如果给工作人员分配多个摄像头，很难保证同时进行高质量监视。即便每人只负责单个摄像头，也很难从始至终保持精力集中。此外，相比于其他因素，人工识别的基准性能主要取决于操作人员的经验和能力。这种专业技能很难快速交接给其他操作人员，且由于人与人之间的差异，很难获得稳定的性能。随着摄像头网络覆盖面越来越广，人工识别的可行性问题越来越明显。因此，在计算机视觉领域，研究人员对摄像头网络数据处理的兴趣越来越浓厚。本节将针对近年来计算机视觉技术在摄像头网络中的应用展开分析。

一、字符识别

随着私家车数量的增加，车主驾驶水平参差不齐，超速行驶、闯红灯等违章行为时有发生，交通监管的压力也越来越大。依靠人工识别违章车辆，其性能和效率都无法得到保障，需要依靠计算机视觉技术实现自动化识别。现有的车牌检测系统已拥有较为成熟的技术，识别准确率已经接近甚至超过人眼。光学字符识别技术是车牌检测系统的核心技术，该技术的实现过程分为以下步骤：首先，从拍摄的车辆图片中识别并分割出车牌；其次，查找车牌中的字符轮廓，根据轮廓逐一分割字符，生成若干包含字符的矩形图像；再次，利用分类器逐一识别每个矩形图像中所包含的字符；最后，将所有字符的识别结果组合在一起，得到车牌号。车牌检测系统提高了交通法规的执行效率和执行力度，为公共交通安全提供了有力保障。

二、人群计数

2014 年 12 月 31 日晚，在上海外滩跨年活动上发生的严重踩踏事故，导致 36 人死亡，49 人受伤。事件发生的直接原因是人群密度过大。活动期间大量游客涌入观景台，增加了事故发生的隐患及事故发生时游客疏散的难度。这一事件发生后，相关部门加强了对人流密度的监控，某些热点景区已投入使用基于视频监控的人群计数技术。人群计数技术大致分为三类：基于行人检测的模型、基于轨迹聚类的模型、基于特征的回归模型。其中，基于行人检测的模型通过识别视野中所有的行人个体，统计后得到人数。基于轨迹聚类的模型针对视频序列，首先识别行人轨迹，再通过聚类估计人数。基于特征的回归模型针对行人密集、难以识别行人个体的场景，通过提取整体图像的特征直接估计得到人数。人群计数在拥堵预警、公共交通优化方面具有重要价值。

三、行人再识别

在机场、商场等大型分布式空间，一旦发生盗窃、抢劫等事件，肇事者在多个摄像头视野中交叉出现，给目标跟踪任务带来巨大挑战。在这一背景下，行人再识别技术应运而生。行人再识别的主要任务是分布式多摄像头网络中的“目标关联”，其主要目的是跟踪在不重叠的监控视野下的行人。行人再识别要解决的是当一个人在不同时间和位置出现时，对其进行识别和关联的问题，具有重要的研究价值。近年来，行人再识别问题在学术研究和工业实验中越来越受关注。目前的行人再识别技术主要分为以下步骤：首先，对摄像头视野中的行人进行检测和分割；其次，对分割出来的行人图像提取特征；再次，利用度量学习方法，计算不同摄像头视野下行人之间在高维空间的距离；最后，按照距离从近到远对候选目标进行排序，得到最相似的若干目标。由于根据行人的视觉外貌计算的视觉特征不够有判别力，特别是在图像像素低、视野条件不稳定、衣着变化，甚至更加极端的条件下有着一定的局限性，要实现自动化行人再识别仍然面临巨大的挑战。

四、异常行为检测

在候车厅、营业厅等人流量大、人员复杂的场所，或夜间的ATM机附近较容易发生斗殴、扒窃、抢劫等扰乱公共秩序的犯罪行为。为保障公共安全，可以利用监控视频数据对人体行为进行智能分析，一旦发现异常及时发出报警信号。异常行为检测方法可分为两类：一类是基于运动轨迹，跟踪和分析人体行为，判断其是否为异常行为；另一类是基于人体特征，分析人体各部位的形态和运动趋势，从而进行判断。目前，异常行为检测技术尚不成熟，存在一定的虚警、漏警现象，准确率有待提高。尽管如此，这一技术的应用可以大大减少人工翻看监控视频的工作量，提高数据分析效率。

基于监控视频的计算机视觉技术在交通优化、智能安防、刑侦追踪等领域具有重要的研究价值。近年来，随着深度学习、人工智能等研究领域的兴起，计算机视觉技术的发展突飞猛进，一部分学术成果已经转化为成熟的技术，应用在人们生活的方方面面，为人们提供更加便捷、舒适、安全的环境。展望未来，在数据飞速增长的时代，挑战与机遇并存，相信计算机视觉技术会给我们带来更多惊喜。

第四节　计算机视觉算法的图像处理技术

网络信息技术背景下，对于智能交互系统的真三维显示图像畸变问题，需要采用计算机视觉算法处理图像，实现图像的三维重构。本节以图像处理技术作为研究对象，对畸变图像科学建立模型，以 CNN（卷积神经网络）模型为基础，在图像投影过程中完成图像的校正。实验证明，计算机视觉算法下图像校正效果良好，系统体积小、视角宽、分辨率较高。

过去，在传统的二维环境中物体只能显示侧面投影，随着科技的发展，人们创造出三维立体画面，并将其作为新型显示技术。本节通过设计一种真三维显示计算机视觉系统，提出计算机视觉算法对物体投影过程中畸变图像的矫正。这种图像处理技术与过去的 BP（反向传播）神经网络相比，矫正精度更高，可以被广泛应用于图像处理。

一、计算机图像处理技术

（一）基本含义

计算机图像处理技术是指利用计算机处理图像需要对图像进行解析与加工，从中得到需要的目标图像。图像处理技术应用时主要包含以下两个过程：转化要处理的图像，将图像变成计算机系统支持识别的数据，再将数据存储到计算机中，方便进行接下来的图像处理；采用不同的方式与计算方法，将存储在计算机中的图像数据进行图像格式转化与数据处理。

（二）图像类别

在计算机图像处理中，图像的类别主要有以下几种：第一，模拟图像。这种图像在生活中很常见，有光学图像和摄影图像，摄影图像就是胶片照相机中的相片。在计算机图像中，模拟图像传输时十分快捷，但是精密度较低，应用起来不够灵活。第二，数字化图像。数字化图像是信息技术与数字化技术发展的产物。随着互联网信息技术的发展，图像已经走向数字化。与模拟图像相比，数字化图像精密度更高且处理起来十分灵活，是人们当前常见的图像种类。

（三）技术特点

计算机图像处理技术的特点主要有以下几个方面：

一是计算机图像处理技术的精密度更高。随着经济社会的发展与科技的进步，网络技术与信息技术被广泛应用于各个行业，特别是图像处理方面，人们可以将图像数字化，最终得到二维数组。该二维数组在一定设备的支持下可以对图像进行数字化处理，使二维数组发生任意大小的变化。人们使用扫描设备能够将像素灰度等级量化，灰度能够得到 16 位以上，从而提高技术精密度，满足人们对图像处理的需求。

二是计算机图像处理技术具有良好的再现性。人们对图像的要求很简单，只是希望图像可以还原真实场景，让照片与现实更贴近。过去的模拟图像处理方式会使图像质量降低，再现性不理想。应用图像处理技术后，数字化图像能够更加精准地反映原图，甚至处理后的数字化图像可以保持原来的品质。此外，计算机图像处理技术能够科学保存图像、复制图像、传输图像，且不影响原有图像质量，有着较高的再现性。

三是计算机图像处理技术应用范围广。不同格式的图像有着不同的处理方式，与传统模拟图像处理相比，该技术可以对不同信息源图像进行处理，不管是光图像、波普图像，还是显微镜图像与遥感图像，甚至是航空图片都能够在数字编码设备的应用下成为二维数组图像。因此，计算机图像处理技术应用范围广，无论是哪一种信息源都可以将其进行数字化处理，并存入计算机系统中，应用计算机信息技术处理图像数据，从而满足人们对现代生活的需求。

二、计算机视觉显示系统设计

（一）光场重构

真三维立体显示与二维像素相比，真三维可以使三维数据场内的每一个点都在立体空间内成像。成像点就是三维成像的体素点，一系列体素点构成了真三维立体图像，应用光学引擎与机械运动的方式可以将光场重构。阐述该技术的原理，可以使用五维光场函数去分析三维立体空间内的光场函数。研究表明，应用二维投影技术可以对切片图像实现重构。

（二）显示系统设计

在技术实现过程中需要应用 ARM（异步响应方式）处理装置，在该装置的智能交互作用下实现真三维显示系统，人们可以从各个角度观看成像。真三维显示系统中，成像的分辨率很高，体素能够达到 30 M。与过去的旋转式 LED 点阵体三维相比，这种柱形状态的成像方式虽然可以重构三维光场，但是该成像视场角不大，分辨率也不高。

人们在三维环境中拍摄物体，需要以三维为基础展示物体，然后将投影后的物体成像序列存储在 SDRAM（同步动态随机存储器）内。应用 FPGA（现场可编程门阵列）视频采集技术，在技术的支持下将图像序列传导入 ARM 处理装置内，完成对图像的切片处理，图像数据信息进入 DVI（数字视频交互）视频接口，并在 DMD（数字微镜器件）控制设备处理后进入高速投影机。经过一系列操作，最终 DLP（数字光处理显示器）可以将数字化图像朝着散射屏的背面实现投影。要想实现图像信息的高速旋转，就要应用伺服电机。在电机的驱动下，转速传感器可以探测到转台的角度和速度，并将探测到的信号传递到控制器中，形成对转台的闭环式控制。

当伺服电机运动在高速旋转环境中时，设备也会将采集装置的位置信息同步，DVI 信号输出帧频，控制器产生编码，这个编码就是 DVI 帧频信号。这样做可以确保散射屏与数字化图像投影之间拥有同步性，该智能交互真三维显示装置由转台和散射屏构成，其中还有伺服电机、采集设备、高速旋转投影机、控制器与 ARM 处理装置，此外还包括体态摄像头组与电容屏等其他部分。

三、图像畸变矫正算法

（一）畸变矫正过程

在计算机视觉算法应用下，人们可以应用计算机处理畸变图像。当投影设备对图像垂直投影时，随着视场的变化，其成像垂轴的放大率也会发生变化，这种变化会让智能交互真三维显示装置中的半透半反屏像素点发生偏移。如果偏移程度过大，图像就会发生畸变。因此，人们需要采用计算机图像处理技术对畸变后的图像进行校正。由于图像发生了几何变形，就要基于图像畸变校正算法对图片进行几何校正，尽可能地消除畸变，将图像还原到原有状态。这种处理技术就是在几何校正中消除几何畸变。投影设备中主要有径向畸变和切向畸变两种，但是切向畸变在图像畸变方面的影响程度不高，因此人们在研究图像畸变算法时会将其忽略，主要以径向畸变为主。

径向畸变又有桶形畸变和枕形畸变两种，投影设备产生图像的径向畸变最多的是桶形畸变。对于这种畸变的光学系统，其空间直线在图像空间中，除了对称中心是直线，其他的都不是直线。人们在进行图像矫正处理时，需要找到对称中心，然后开始应用计算机视觉算法进行图像的畸变矫正。

正常情况下，图像畸变都是因为空间状态的扭曲而产生的，也被人们称为曲线畸变。过去人们使用二次多项式矩阵解对畸变系数加以掌握，但是一旦遇到情况复杂的图像畸变，这种方式就无法准确描述。如果多项式次数更高，那么畸变处理就需要更大矩阵的逆，不利于接下来的编程分析与求解计算。随后人们提出了在 BP 神经网络基础上的畸变矫正方式，其精度有所提高。之后，人们以计算机视觉算法为基础，将该畸变矫正方式进行深化，提出卷积神经网络畸变图像处理技术。与之前的 BP 神经网络图像处理技术相比，其权值共享网络结构和生物神经网络相似，有效降低了网络模型的难度和复杂程度，也减少了权值数量，提高了畸变图像的识别能力和泛化能力。

（二）畸变图像处理

作为人工神经网络的一种，卷积神经网络可以使图像处理技术更好实现。卷积神经网络有着良好的稀疏连接性和权值共享性，其训练方式比较简单，学习难度不大，这种连接方式更加适用于处理畸变图像。在畸变图像处理中，网络输入以多维图像输入为主，图像可以直接穿入网络中，无须像过去的识别算法那样重新提取图像数据。不仅如此，在卷积神经网络权值共享下的计算机视觉算法能够减少训练参数，在控制容量的同时，保证图像处理拥有良好的泛化能力。

如果某个数字化图像的分辨率为 227×227，将其均值相减之后，神经网络中拥有两个全连接层与五个卷积层。将图像信息转化为符合卷积神经网络计算的状态，卷积神经网络也需要将分辨率设置为 227×227。由于图像可能存在几何畸变，考虑可能出现的集中变形形式，按照检测窗比例情况，将其裁剪为特定大小。

四、基于计算机视觉算法图像处理技术的程序实现

基于计算机视觉算法，对畸变图像模型加以确定。基于计算机视觉算法图像处理技术的程序实现应用到了 Matlab 软件，选择图像处理样本时以 1 000 幅畸变和标准图像组为主；应用了系统内置 Deep Learning（深度学习）工具包，撰写了基于畸变图像算法的图像处理与矫正程序，矫正时将图像的每一点在畸变图像中映射，然后使用灰度差值确定灰度值。这种图像处理方法有着低通滤波特点，图像矫正的精度比较高，不会有明显的灰度缺点存在。因此，应用双线性插值法，可以在图像畸变点周围四个灰度值计算畸变点灰度情况。

当图像受到几何畸变后，可以按照前文提到的计算机视觉算法输入 CNN 模型，再科学设置卷积与降采样层数量、卷积核大小、采样降幅，设置后根据卷积神经网络的内容选择输出位置。根据灰度差值中双线性插值算法，进一步确定畸变图像点位灰度值。随后，对每一个图像畸变点都采用这种方式操作，不断重复，直到将所有的畸变点处理完毕，最终就能够在画面中得到矫正之后的完整图像。

为了尽可能地降低卷积神经网络运算的难度，减少图像处理时间，建议将畸变矫正图像算法分为两部分：第一部分为 CNN 模型处理，第二部分为实施矫正参数计算。在校正过程中需要提前建立查找表，并以此作为常数表格，将其存于足够大的空间内，根据已经输入的畸变图像，按照像素实际情况查找表格，结合表格中的数据信息，按照对应的灰度值，将其替换成当前灰度值，即可完成图像处理与畸变校正。不仅如此，还可以在卷积神经网络计算机算法初始化阶段，根据位置映射表完成图像的 CMM 模型建立，在模型中进行畸变处理，然后系统生成查找表。按照以上方式进行相同操作，计算对应的灰度值，再将当前的灰度值进行替换，当所有畸变点的灰度值都替换完毕后，该畸变图像就完成了实时畸变矫正，其精准度较高，难度较小。

总而言之，随着网络技术与信息技术的发展，传统的模拟图像已经被数字化图像取代，人们享受数字化图像的高清晰度与真实度，但对于图像畸变问题，还需要进一步研究畸变矫正方法。在计算机视觉计算基础上，采用卷积神经网络进行图像畸变计算，按照合理的灰度值计算，可以有效提高图像的清晰度，并完成图像的几何畸变矫正。

第五节　计算机视觉图像精密测量下的关键技术

近代测量使用的方法基本上是人工测量，但人工测量无法一次性达到设计要求的精度，需要先进行多次的测量再进行手工计算，求取接近设计要求的数值。这样做的弊端在于需要大量的人力且无法精准地达到设计要求精度，于是在现代测量中出现了计算机视觉精密测量，这种方法集快速、精准、智能等优势于一体，在测量中被广泛使用。

在现代城市的建设中离不开测量的运用，对于测量而言需要精确的数值来表达建筑物、地形地貌等特征。在以往的测量中无法精准地进行计算，而且在施工中无法精准地达到设计要求。本节就计算机视觉图像精密测量进行分析，并对其关键技术进行简析。

一、计算机视觉图像精密测量的概念、工作原理及影响因素

（一）计算机视觉图像精密测量的概念

计算机视觉精密测量从定义上来讲是一种新型的、非接触性测量。它是集计算机视觉技术、图像处理技术及测量技术于一体的高精度测量技术，且将光学测量的技术融入其中，具备了快速、精准、智能等方面的优势及特性。这种测量方法在现代测量中被广泛使用。

（二）计算机视觉图像精密测量的工作原理

计算机视觉图像精密测量的工作原理类似于测量仪器中的全站仪。它们具有相同的特点及特性，主要还是通过微电脑进行快速的计算处理，得到使用者需要的测量数据。计算机视觉图像精密测量的工作原理简单分为以下几步：

第一，对被测量物体进行图像扫描。在对图像进行扫描时需要注意外界环境及光线因素，特别是要注意光线对仪器扫描的影响。

第二，形成一定比例的原始图。在对物体进行扫描后得到与现实原状相同的图像，

这与相机的拍照原理几乎相同。

第三，提取特征。通过微电子计算机对扫描形成的原始图进行特征提取，在设置程序后，仪器会自动进行相应特征部分的关键提取。

第四，分类整理。对图像特征进行有效的分类整理，主要对操作人员需要的数据进行整理分类。

第五，形成数据文件。在完成以上四个步骤后微计算机会对整理分类出的特征进行数据分析存储。

（三）计算机视觉图像精密测量的影响因素

从施工测量及测绘角度分析，对计算机视觉图像精密测量的影响在于环境的影响，其主要分为地形影响和气候影响。地形影响对计算机视觉图像精密测量来说是有限的，主要体现在遮挡物对扫描成像的影响。如果扫描成像质量较差，会直接影响对特征物的提取及数据的准确性。气候影响主要体现在大风及光线影响。大风对扫描仪器的稳定性具有一定考验，如有稍微抖动就会出现误差，不能准确地进行精密测量。

二、计算机视觉图像精密测量下的关键技术的特点及要求

（一）自动进行数据存储

计算机视觉图像精密测量仪器主要还是通过计算机来进行数据的计算处理，如果遇到计算机系统老旧或处理数据量较大等情况，计算机系统就会崩溃，导致计算结果无法进行正常的存储。为了避免这种情况的发生，需要对测量成果进行有效的存储，将测量数据成果存储在固定、安全的存储媒介中，保证数据的安全性。如果遇到计算机系统崩溃等无法正常运行的情况，应及时将数据进行备份存储，快速还原数据。在对前期测量数据再次进行测量或多次测量时，系统会对这些数据进行统一对比。如果多次测量结果有出入，系统会进行提示，这样就可以避免数据存在较大误差。

（二）减小误差概率

在进行计算机视觉图像精密测量时往往会出现误差，而这些误差出现的原因主要

在于操作人员的技术水平不高与机器系统故障。在进行操作前，操作员应对仪器进行系统检查，再次使用仪器中的自检系统，保证仪器的硬件与软件的正常运行。如果硬软件出现问题，会导致测量精度的误差，从而影响工作的进度。人员操作也会导致误差，人员操作的误差在某些方面来说是不可避免的。这主要是对操作人员工作的熟练程度的考验。要想减少人员操作中的误差，就要做好人员的技术技能培训工作，让操作人员有过硬过强的操作技术，在此基础上建立完善的体制制度，从多个方面全面控制误差。

（三）方便便携

在科学技术发展的今天，我们在生活当中运用到的东西逐渐在形状、外观上发生巨大的改变。近年来，对各种仪器设备的便携性提出了很高的要求，在计算机视觉图像精密测量中对设备的外形体积要求、系统要求更为重要，要尽可能地保证工作人员在野外进行测量时方便携带，不受环境等因素的限制。

三、计算机视觉图像精密测量的发展趋势

目前我国国民经济快速发展，我们对精密测量的要求越来越高，特别是近年我国的科学技术快速发展，很多工程已经超出我们所能测量的范围。在这样的前景下，笔者对计算机视觉图像精密测量的发展趋势进行预估。笔者认为，其主要发展趋势包括以下几个方面：

（一）测量精度

在日常生活中，我们常用的长度单位基本在毫米级别。随着科技的发展，毫米级别已经不能满足工业方面的要求，如航天航空方面。所以，提高测量精度也是计算机视觉图像精密测量发展趋势的重要方向，主要在于提高测量精度，向微米级及纳米级别发展，同时提高成像图像的分辨率，进而达到精密测量的目的。

（二）图像技术

计算机的普及对各行各业的发展都具有时代性的意义，在计算机视觉图像精密测量中运用图像技术也是非常重要的。

在科技迅速发展的今天，测量是生活中不可缺少的一部分，测量影响着我们的衣食住行，在测量技术中加入计算机视觉图像技术是对测量技术的一种革新。在融入这种技术后，笔者相信在未来的工业及航天事业中计算机视觉图像技术能发挥出最大的作用，为改变人们的生活作出杰出的贡献。

第七章　计算机网络安全检测技术

计算机网络的发展及计算机应用的深入和广泛，使得网络安全问题日益突出和复杂，保障计算机网络安全逐渐成为数据通信领域产品研发的总趋势，现代网络安全成了网络专家分析和研究的热点课题。计算机网络安全检测技术就是在这种背景下被提出的，该技术研发的目的是保证计算机网络服务的可用性，以及计算机网络用户信息的完整性、保密性。本章将对网络安全检测技术进行分析。

第一节　计算机网络安全概述

一、计算机网络安全的含义

计算机网络是指将地理位置不同、具有独立功能的多台计算机及其外部设备通过通信线路连接起来，在网络操作系统、网络管理软件及网络通信协议的管理和协调下，实现资源共享和信息传输的计算机网络系统。

从一般意义来看，安全是指没有危险和不出事故。对于计算机网络而言，其安全是指网络系统的硬件、软件及系统中的数据受到保护，不遭到偶然的或者恶意的破坏、更改、泄露，确保系统连续、可靠、正常运行，网络服务不中断。从广义上来说，凡是涉及网络信息的保密性、完整性、可用性、真实性和可控性的相关技术和理论都是网络安全所要研究的领域。

计算机网络的安全实际上包括两方面的内容：一是网络的系统安全，二是网络的信息安全。由于计算机网络最重要的资源是它向用户提供的服务及其所拥有的信息，因而计算机网络的安全可以定义为保障网络服务的可用和网络信息的完整。前者要求网络向所有用户有选择地随时提供各自应得到的网络服务，后者则要求网络保证信息资源的保密性、完整性、可用性和真实性等。可见，建立安全的网络系统要解决的根本问题是如何在保证网络的连通性、可用性的同时，对网络服务的种类、范围等进行适度控制，从而保障系统的可用和信息的完整。

由此可见，计算机网络安全涉及的内容既有技术方面的问题，也有管理方面的问题，二者相互补充，缺一不可。技术方面主要侧重于防范外部非法用户的攻击，管理方面则侧重于内部人为因素的管理。如何有效地保护重要的信息数据，提高计算机网络系统的安全性，已经成为所有计算机网络应用必须考虑和解决的重要问题。

二、计算机网络安全的特点

计算机网络安全是一门涉及计算机科学、网络技术、通信技术、密码技术、信息安全技术、应用数学、数论、信息论等学科的综合性学科。计算机网络安全从其本质上来讲就是网络上的信息安全。

（一）保密性

保密性是指网络信息不被泄露的特性。保密性是保证网络信息安全的一个非常重要的手段。保密性可以保证即使信息泄露，非授权用户在有限的时间内也无法识别真正的信息内容。

（二）完整性

完整性是指网络信息未经授权不能进行改变的特性，即网络信息在存储和传输过程中保持原样。

（三）可用性

可用性是指网络信息可被授权用户访问的特性，即网络信息服务在需要时能够保证授权用户使用。这里包含两个含义：当授权用户访问网络时不会被拒绝；授权用户访问网络时要进行身份识别与确认，并且对用户的访问权限加以规定和限制。

（四）可控性

可控性是指可被授权实体访问并按需求使用的特性，即当需要时应能存取所需的信息。可控性要求对信息的传播及内容具有控制能力。

（五）可靠性

可靠性是网络系统安全最基本的要求，主要是指网络系统硬件和软件无故障运行的性能。提高可靠性的具体措施主要包括：提高设备质量，配备必要的余量和备份，采取纠错、自愈和容错等措施，强化灾害恢复机制，合理分配负荷等。

（六）不可抵赖性

不可抵赖性也称作不可否认性，主要用于网络信息的交换过程，保证信息交换的参与者都不可能否认或抵赖曾进行的操作，类似于在发文或收文过程中的签名和签收的过程。

三、计算机网络安全检测技术的分类

在网络安全保障体系中，仅靠系统安全防护技术是不够的，还需要通过网络安全检测技术来检测和感知当前网络系统的安全状态，其检测结果可作为评估网络系统安全风险、修补系统安全漏洞、加强网络安全管理的重要依据。

目前，计算机网络安全检测技术主要有以下几种：

（一）安全漏洞扫描技术

安全漏洞扫描技术用于检测一个网络系统潜在的安全漏洞，通过安装补丁程序及时修补安全漏洞，不给网络入侵、病毒传播提供可乘之机，建立健康的网络环境。

（二）网络入侵检测技术

网络入侵检测技术用于检测一个网络系统可能存在的网络攻击、入侵行为及异常操作等安全事件，为改进安全管理、优化安全配置、修补安全漏洞及追查攻击者提供科学依据。

（三）恶意程序检测技术

恶意程序检测技术用于检测和清除一个网络系统可能存在的病毒、木马及后门等恶意程序，防止恶意程序窃取信息或破坏系统；同时促使用户改变不良上网习惯，增强安全防范意识。

由此可见，网络安全检测技术是十分重要的，也是构建网络安全环境、提高网络安全管理水平必不可少的安全措施。

第二节　安全漏洞扫描技术

安全漏洞扫描技术是网络安全管理技术的一个重要组成部分，它主要用于对一个网络系统进行安全检查，寻找和发现其中可被攻击者利用的安全漏洞和隐患。安全漏洞扫描技术通常采用两种检测方法：基于主机的检测方法和基于网络的检测方法。基于主机的检测方法是对一个主机系统中不适当的系统设置、脆弱的口令、存在的安全漏洞及其他安全弱点等进行检查。基于网络的检测方法是通过执行特定的脚本文件，对网络系统进行渗透测试和仿真攻击，并根据系统的反应来判断是否存在安全漏洞。检测结果将指出系统所存在的安全漏洞和危险级别。

一、系统安全漏洞分析

一个网络系统不仅包含各种交换机、路由器、安全设备和服务器等硬件设备，还包含各种操作系统平台、服务器软件、数据库系统及应用软件等软件系统，系统结构十分复杂。从系统安全角度来看，任何一个部分要想做到万无一失都是非常困难的，而任何一个疏漏都有可能导致安全漏洞，给攻击者以可乘之机，带来严重的后果。然而，在大多数情况下，一个网络系统建成并运行后，如果不做系统安全性测试和检测，并不知道系统是否存在安全漏洞，只有在发生网络攻击事件并造成严重的后果后，才意识到安全漏洞的危害性。据统计，世界上所发生的网络攻击事件中，80%以上是因为系统存在安全漏洞被内部或外部攻击者利用。

从网络攻击的角度来分类，常见的网络攻击方法可分成以下几种类型：扫描、探测、数据包窃听、拒绝服务、获取用户账户、获取超级用户权限、利用信任关系及恶意代码等。攻击者入侵网络系统主要采用两种基本方法：社会工程和技术手段。基于社会工程的入侵方法是攻击者通过引诱、欺骗等各种手段来诱导用户，使用户在不经意间泄露他们的用户名和口令等身份信息，然后利用用户身份信息轻易入侵网络系统。基于技术手段的入侵方法是攻击者利用系统设计、配置和管理中的漏洞来入侵系统，技术入侵手段主要有以下几种：

（一）潜在的安全漏洞

任何一种软件系统都或多或少地存在着安全漏洞。在当前的技术条件下，发现和修补一个系统中所有的潜在安全漏洞是十分困难的，也是不可能的。一个系统可能存在的安全漏洞主要集中在以下几个方面：

1.口令漏洞

通过破解操作系统口令来入侵系统是常用的攻击方法，使用一些口令破解工具可以扫描操作系统的口令文件。任何弱口令或不及时更新口令的系统，都容易受到攻击。

2.软件漏洞

在 Windows、Linux、UNIX 等操作系统及各种应用软件中都可能存在某种安全缺陷和漏洞，如缓冲区溢出漏洞等，攻击者可以利用这些安全漏洞对系统进行攻击。

3.协议漏洞

某些网络协议的实现存在安全漏洞，如 IMAP 和 POP3 协议必须在 Linux/UNIX 系统根目录下运行，攻击者可以利用这一安全漏洞对 IMAP 进行攻击，破坏系统的根目录，从而取得超级用户特权。

4.拒绝服务

利用 TCP/IP 协议的特点和系统资源的有限性，通过产生大量虚假的数据包来耗尽目标系统的资源，如 CPU 周期、内存和磁盘空间、通信带宽等，使系统无法处理正常的服务，直到过载而崩溃，这就是拒绝服务攻击。典型的拒绝服务攻击有 SYN flood、

FIN flood、ICMP flood、UDP flood 等。虚假的数据包还会使一些基于失效开放策略的入侵检测系统产生拒绝服务。所谓失效开放，是指系统在失效前不会拒绝访问。虚假的数据包会诱使这种失效开放系统去响应那些并未发生的攻击，阻塞合法的请求或是断开合法的连接，最终导致系统拒绝服务。

（二）可利用的系统工具

很多系统都提供了用于改进系统管理和服务质量的系统工具，但这些系统工具同时也会被攻击者利用，非法收集信息，为攻击大开方便之门。

第一，Windows NT NBTSTAT 命令。系统管理员使用该命令来获取远程节点信息，但攻击者也可使用该命令来收集一些用户和系统信息，如管理员身份信息、NetBIOS（网上基本输入输出系统）名、Web 服务器名、用户名等，这些信息有助于提高口令破解的成功率。

第二，PortScan（端口扫描）工具。系统管理员使用该工具检查系统的活动端口及这些端口所提供的服务，攻击者也可出于同一目的而使用这一工具。

第三，Packet Sniffer（数据包嗅探器）。系统管理员使用该工具监测和分析数据包，以便找出网络的潜在问题。攻击者也可利用该工具捕获网络数据包，从这些数据包中提取出可能包含明文口令和其他敏感信息，然后利用这些数据来攻击网络。

（三）不正确的系统设置

不正确的系统设置也是造成系统安全隐患的一个重要因素。当发现安全漏洞时，管理员应当及时采取补救措施，如对系统进行维护、对软件进行升级等，然而由于一些网络设备（如路由器、网关等）配置比较复杂，系统还可能出现新的安全漏洞。

（四）不完善的系统设计

不完善的网络系统架构和设计是比较脆弱的，存在较大的安全隐患，将会给攻击者可乘之机。例如，Web 应用系统架构不完善，存在服务器配置不当、安全防护缺失等漏洞，攻击者利用这些漏洞可获取 Web 服务器的敏感信息，或者植入恶意程序。

攻击者在实施网络攻击前，首先需要寻找网络系统的各种安全漏洞，然后利用这些安全漏洞来入侵网络系统。系统安全漏洞大致可分成以下几类：

1.软件漏洞

任何一种软件系统都或多或少存在一定的脆弱性，安全漏洞可以看作已知的系统脆弱性。例如，一些程序只要接收到一些异常或者超长的数据和参数，就会引起缓冲区溢出。这是因为很多软件在设计时忽略或很少考虑安全性问题，即使在软件设计中考虑了安全性，也往往因为开发人员缺乏安全培训或安全经验而造成安全漏洞。这种安全漏洞可以分为两种：一是由操作系统本身的设计缺陷所带来的安全漏洞；二是应用程序的安全漏洞，这种漏洞最常见，更需要引起高度重视。

2.结构漏洞

在一些网络系统中忽略了网络安全问题，没有采取有效的网络安全措施，使网络系统处于不设防状态；在一些重要网段中，交换机等网络设备设置不当，造成网络流量被监听。

3.配置漏洞

在一些网络系统中忽略了安全策略的制定，即使采取了一定的网络安全措施，但由于系统的安全配置不合理或不完整，安全机制也不会发挥作用。在网络系统发生变化后，没有及时更改系统的安全配置，造成安全漏洞。

4.管理漏洞

由网络管理员的疏漏和麻痹造成的安全漏洞。例如，管理员口令太短或长期不更换，造成口令漏洞；两台服务器共用同一个用户名和口令，如果一个服务器被入侵，则另一个服务器也不能幸免。

从这些安全漏洞来看，既有技术因素，也有管理因素和人员因素。实际上，攻击者正是分析了与目标系统相关的技术因素、管理因素和人员因素后，寻找并利用其中的安全漏洞来入侵系统的。因此，必须从技术手段、管理制度和人员培训等方面采取有效的措施来防范和控制，只靠技术手段是不够的，还必须从制定安全管理制度、培养安全管理人员和加强安全防范意识教育等方面来提高网络系统的安全防范能力和水平。

二、安全漏洞检测技术

目前，安全漏洞检测技术主要有静态检测技术、动态检测技术和漏洞扫描技术等。下面重点介绍前两种技术。

（一）静态检测技术

静态检测技术属于白盒测试方法，通过分析程序执行流程来建立程序工作的数学模型，然后根据对数学模型的分析，发掘出程序中潜在的安全缺陷。静态检测的对象通常是源代码，常用的静态检测方法主要有词法分析、数据流分析、模型检验和污点传播分析等。

1.词法分析

词法分析方法是将源文件处理为 token（令牌）流，然后将 token 流与程序缺陷结构进行匹配，以查找不安全的函数调用。该方法的优点是能够快速地发现软件中的不安全函数，检测效率较高；缺点是由于没有考虑源代码的语义，不能理解程序的运行行为，因此漏报和误报率比较高。基于该方法的分析工具主要有 ITS4、RATS 等。

2.数据流分析

数据流分析方法是通过确定程序某点上变量的定义和取值情况来分析潜在的安全缺陷，首先将代码构造为抽象语法树和程序控制流图等模型，然后通过代数方法进行计算，描述程序运行时的行为，进而根据相应的规则发现程序中的安全漏洞。该方法的优点是分析能力比较强，适合对内存访问越界、常数传播等问题进行分析检查；缺点是分析速度比较慢、检测效率比较低。基于该方法的分析工具主要有 Coverity、JLint 等。

3.模型检验

模型检验方法是通过状态迁移系统来判断程序的安全性质，首先将软件构造为状态机或者有向图等抽象模型，并使用模态或时序逻辑公式等形式化方法来描述安全属性，然后对模型进行遍历检查，以验证软件是否满足这些安全属性。该方法的优点是对路径和状态的分析比较准确；缺点是处理开销较大，因为需要穷举所有的可能状态，特别是在数据密集度较大的情况下。基于该方法的分析工具主要有 MOPS、SLAM、Java Path Finder 等。

4.污点传播分析

污点传播分析方法是通过静态跟踪不可信的输入数据来发现安全漏洞，首先通过对不可信的输入数据进行标记，静态跟踪和分析程序运行过程中污点数据的传播路径，发现污点数据的不安全使用方式，进而分析出由敏感数据（如字符串参数）被改写而引发的输入验证类漏洞，如 SQL 注入、跨站点脚本等漏洞。该方法主要适用于输入验证类漏洞的分析，典型的分析工具是 Pixy，它是一种针对 PHP（页面超文本预处理器）语言的污点传播分析工具，用于发掘 PHP 应用中 SQL 注入、跨站点脚本等类型的安全漏洞，具有检测效率高、误报率低等优点。

综上所述，静态检测技术具有以下特点：

第一，具有程序内部代码的高度可视性，可以对程序进行全面分析，能够保证程序的所有执行路径得到检测，而不局限于特定的执行路径。

第二，可以在程序执行前检验程序的安全性，能够及时对所发现的安全漏洞进行修补。

第三，不需要实际运行被测程序，不会产生程序运行开销，自动化程度高。

静态检测技术也存在以下缺点：

第一，通用性较差，一般需要针对某种程序语言及其应用平台来设计特定的静态检测工具，具有一定的局限性。

第二，静态检测的漏报率和误报率高，需要在二者之间寻求一种平衡。

第三，分析对象通常是源代码。对于可执行代码，需要通过反汇编工具转换成汇编程序，然后对汇编程序进行分析，大大增加了工作量。

（二）动态检测技术

动态检测技术属于黑盒测试技术，通过运行具体程序并获取程序的输出或内部状态等信息，根据对这些信息的分析，检测出软件中潜在的安全漏洞。动态检测的对象通常是二进制可执行代码，常见的动态检测方法主要有渗透测试、模糊测试、错误注入和补丁比对等。

1.渗透测试

渗透测试是经典的动态检测技术，测试人员通过模拟攻击方式对软件系统进行安全性测试，检测出软件系统中可能存在的代码缺陷、逻辑设计错误及安全漏洞等。

渗透测试最早用于操作系统安全性测试中，现在被广泛用于对 Web 应用系统的安全漏洞检测。通常，Web 应用系统渗透测试分为被动阶段和主动阶段。在被动阶段，测试人员需要尽可能地去搜集被测 Web 应用系统的相关信息，如通过使用 Web 代理观察 HTTP（超文本传送协议）请求和响应等，了解该应用的逻辑结构和所有的注入点；在主动阶段，测试人员需要从各个角度使用各种方法对被测系统进行渗透测试，主要包括配置管理测试、业务逻辑测试、认证测试、授权测试、会话管理测试、数据验证测试、拒绝服务测试、Web 服务测试和 AJAX 测试等。

对 Web 应用系统进行渗透测试的基本步骤如下：

第一，测试目标定义。确定测试范围，建立测试规则，明确测试对象和测试目的。

第二，背景知识研究。搜集测试目标的所有背景资料，包括系统设计文档、源代码、用户手册、单元测试和集成测试的结果等。

第三，漏洞猜测。测试人员根据对系统的了解和自己的测试经验猜测系统中可能存在的漏洞，形成漏洞列表，随后对漏洞列表进行分析和过滤，排列出待测漏洞的优先级。

第四，漏洞测试。根据漏洞类型生成测试用例，使用测试工具对被测程序进行测试，确认漏洞是否存在。

第五，推测新漏洞。根据所发现的漏洞类型推测系统中可能存在的其他类似漏洞，并进行测试。

第六，修补漏洞。提出修改完善软件源代码的方法，对已发现的漏洞进行修补。

在 Web 应用系统安全性测试中，常用的渗透测试工具有 Burp Suite、Paros、Nikto 等。

2.模糊测试

模糊测试技术的基本思想是自动产生大量的随机或经过变异的输入值，然后提交给软件系统，一旦软件系统发生失效或异常现象，就说明软件系统中存在薄弱环节和安全漏洞。与传统的黑盒测试方法相比，模糊测试技术主要侧重任何可能引发未定义或者不安全行为的输入，其优点是简单、有效、自动化程度高和可复用性强等，缺点是测试数据冗余度大、检测效率低、代码覆盖率不足等。

模糊测试技术是 Web 应用系统安全漏洞检测中常用的测试技术，它模拟攻击者的行为，产生大量异常、非法、包含攻击载荷的模糊测试数据，提交给 Web 应用系统，同时监测 Web 应用系统的反应，检测 Web 应用系统中是否存在安全漏洞。在 Web 应用系统安全漏洞检测中，常用的模糊测试工具有 WebScarab、WSFuzzer、SPIKE Proxy、Web Fuzz、Webinspect 等。

目前，模糊测试技术存在的主要问题如下：

第一，测试自动化程度低。大部分工具在模糊数据的生成及对被测对象检测结果分析等过程中都需要人工参与，自动化程度不高。例如，Web Fuzz 等工具需要测试人员提供正常请求并对其中需要模糊化的变量进行标记，才能生成一系列模糊数据。

第二，检测的漏洞类型较少。一些工具只能对少数几种特定类型的安全漏洞进行模糊测试。例如，Web Fuzz 等工具只能检测 Web 应用系统中的 SQL 注入和跨站点脚本等类型的安全漏洞，漏洞发掘能力有限。

第三，漏洞检测的漏报率和误报率高。一些工具的模糊数据生成及漏洞检测方法较为简单，造成测试结果中漏洞的漏报率和误报率比较高。例如，Web Fuzz 等工具只是通过在原始请求中简单地插入攻击载荷的方式来生成模糊数据，在漏洞检测上也只是简单地查找返回的 Web 网页中是否存在特定的内容。

第四，工具的可扩展性较差。例如，Web Fuzz 等工具在设计上均存在耦合程度高、可扩展性差等问题，对新漏洞类型的扩展比较困难。

第五，测试结果的展示不够直观。大部分工具在测试结果的展示上都不够直观，有的甚至仅提供模糊测试的执行日志。例如，WSFuzzer 等需要人工对数百条记录进行分析，来确定其中的哪些测试数据引发了被测对象的安全漏洞。

3.错误注入

错误注入技术最早用于对硬件设备的可靠性测试，其基本思想是按照一定的错误模型，人为地生成错误数据，然后注入被测系统中，促使系统崩溃或失效的发生，通过观察系统在错误注入后的反应，对系统的可靠性进行验证和评价。

后来，错误注入技术被应用于软件测试，主要用于软件的可靠性和安全性测试，既可以采用黑盒方法来实现，也可以采用白盒方法实现。例如，在应用软件测试中，采用一种称为 EAI（环境-应用交互故障）模型的环境错误注入方法。在 EAI 模型中，系统是由环境与应用软件组成的，并对环境错误进行分类。当环境出现错误而应用软件不能适应时，就可能产生安全问题。

错误注入技术的优点是易于形成系统化方法，有助于实现软件自动化测试；缺点是由于没有考虑应用系统内部的运行状态，仅注入环境错误并不能对应用系统安全漏洞进行全面的检测。

4.补丁比对

补丁比对技术的基本思想是通过对补丁前和补丁后两个二进制文件的对比分析，找出两个文件的差异点，定位其中的安全漏洞。目前常用的补丁比对方法主要有二进制文件比对、汇编程序比对和结构化比对等。

二进制文件比对是一种最简单的补丁比对方法，通过对两个二进制文件的直接对比，定位其中的安全漏洞。该方法的主要缺点是容易产生大量的误报情况，漏洞定位准确性较差，检测结果不容易理解，因此仅适用于文件中变化较少的情况。

汇编程序比对是首先将两个二进制文件反汇编成汇编程序，然后对两个汇编程序进行对比分析。与二进制文件比对相比，该方法有所进步，但是仍然存在输出结果范围大、误报率高和漏洞定位不准确等缺点；另外，在反汇编时，很容易受编译器编译优化的影响，结果会变得非常复杂。

结构化比对的基本思想是给定两个待比对的文件 A1 和 A2，将 A1 和 A2 的所有函数用控制流图来表示。该方法从逻辑结构的层次上对补丁文件进行了分析。但是，当待比对的两个二进制文件较大时，结构化比对的运算量和存储量都比较大，程序的执行效率比较低，并且漏洞定位的准确性也不高。

综上所述，动态检测技术通常是在真实的运行环境中对被测对象进行测试，直接模拟攻击者的行为，因此其测试结果往往具有更高的准确性，漏报率和误报率相对比较低。此外，动态检测技术不需要源代码，具有较高的灵活性。通常，各种安全漏洞扫描系统都是采用动态检测技术实现的。

三、安全漏洞扫描系统

安全漏洞扫描系统主要采用动态检测技术对一个网络系统可能存在的各种安全漏洞进行远程检测，不同安全漏洞的检测方法是不同的。将各种安全漏洞检测方法集合起来，就组成一个安全漏洞扫描系统。

通常，安全漏洞扫描系统有两种实现方式：主机方式和网络方式。主机漏洞扫描系统安装在一台计算机上，主要用于对该主机系统的安全漏洞进行扫描。网络漏洞扫描系统采用客户/服务器架构，主要用于对一个网络系统，包括各种主机、服务器、网络设备及软件平台（如 Web 服务系统、数据库管理系统等）的安全漏洞扫描。通常，网络漏洞扫描系统由客户端和服务器两个部分组成。

（一）客户端

它是操纵安全漏洞扫描系统的用户界面，也称控制台。用户通过用户界面定义被扫描的目标系统、目标地址和扫描任务等，然后提交给服务器执行扫描任务。当扫描结束后，服务器返回扫描结果，显示在客户端屏幕上。

（二）服务器

它是安全漏洞扫描系统的核心，主要由扫描引擎和漏洞库组成。

1.扫描引擎

它是系统的主控程序。在接收到用户的扫描请求后，调用漏洞库中的各种漏洞检测方法对目标系统进行安全漏洞扫描，根据目标系统的反应来判断是否存在安全漏洞，然后将扫描结果返回给客户端。对于检测出的安全漏洞，给出漏洞名称、编号、类型、危险等级、漏洞描述及修复措施等信息。

2.漏洞库

漏洞库指的是使用特定编程语言编写的各种安全漏洞检测算法集合。通常，漏洞检测算法采用插件技术进行封装，一种漏洞检测算法对应一个插件。扫描引擎通过调用插件来执行漏洞扫描。对于新发现的安全漏洞及其检测算法，可以通过增加插件的方法加入漏洞库中，有利于漏洞库的维护和扩展。另外，一些安全漏洞扫描系统还提供了专用脚本语言来实现安全漏洞检测算法编程。这种脚本语言不仅功能强大，而且简单易学，往往使用十几行代码就可以实现一种安全漏洞的检测，大大简化了插件编程工作。

由于安全漏洞扫描系统基于已知的安全漏洞知识，因此漏洞库的扩展和维护显得十分重要。CERT（计算机安全应急响应组）、CVE（通用漏洞披露）等有关国际组织不定期在网上公布新发现的安全漏洞，包括漏洞名称、编号、类型、危险等级、描述及修复措施等，我国也建立了国家信息安全漏洞共享平台（China National Vulnerability Database, CNVD），规范了安全漏洞扫描插件的开发和升级。

在实际应用中，不论是主机漏洞扫描系统还是网络漏洞扫描系统，及时更新漏洞库都是十分重要的，以便漏洞扫描系统及时检测到新的安全漏洞。如果检测到安全漏洞，应当及时安装补丁程序或升级软件版本，消除安全漏洞对系统安全的威胁。

四、漏洞扫描方法举例

利用网络安全漏洞扫描系统可以对网络中任何系统或设备进行漏洞扫描，搜集目标系统相关信息，如各种端口的分配、所提供的服务、软件的版本、系统的配置及匿名用户是否可以登录等，从而发现目标系统潜在的安全漏洞。下面是几种典型的安全漏洞扫描方法。

（一）获取主机名和 IP 地址

利用 whois 命令，可以获得目标网络上的主机列表或者其他有关信息（如管理员名字信息等）。利用 host 命令可以获得目标网络中有关主机的 IP 地址。进一步，利用目标网络的主机名和 IP 地址可以获得有关操作系统的信息，以便寻找这些系统上可能存在的安全漏洞。

（二）获取 telnet 漏洞信息

很多安全漏洞与操作系统平台及其版本有密切的关系，不同的操作系统平台或者不同的操作系统版本可能存在不同的安全漏洞。因此，扫描程序可以通过获取和检查操作系统类型及其版本信息来确定该操作系统是否存在潜在风险。获得操作系统平台及其版本信息的有效手段是使用 telnet 命令来连接一个操作系统，对于成功的 telnet 连接，telnet 服务程序将会返回该操作系统的类型、内核版本号、厂商名、硬件平台等信息。类似的方法还有 FTP（文件传输协议）命令等。

有些操作系统的 telnetd 程序本身还存在缓冲区溢出漏洞，在处理 telnetd 选项的函数中，没有对边界进行有效检查。当使用某些选项时，可能发生缓冲区溢出。例如，在 Linux 系统下，如果用户获取了对系统的本地访问权限，则可通过 telnetd 漏洞为 bin、login 设置环境变量。当环境变量重新分配内存时，便能改变任意内存中的值。这样，攻击者有可能从远程获得 Root 权限。

解决方案是更新 telnet 软件版本，或者禁止不可信的用户访问 telnet 服务。

（三）获取 FTP 漏洞信息

利用 FTP 命令连接一个操作系统，同样可以获得有关操作系统类型及其版本信息。

另外，扫描程序还可以通过匿名用户名登录 FTP 服务（ftpd）来测试该操作系统的匿名 FTP 是否可用。如果允许匿名登录，则检查 FTP 目录是否允许署名用户进行写操作。对于允许写 FTP 目录的匿名 FTP，一旦受到 FTP 跳转攻击，就会引起系统停机。

FTP 跳转攻击是指攻击者利用一个 FTP 服务器获取对另一个主机系统的访问权，而该主机系统是拒绝攻击者直接连接的。典型的例子是目标主机被配置成拒绝使用特定的 IP 地址屏蔽码进行连接，而攻击者主机的 IP 地址恰好就在该屏蔽码内。处于屏蔽码内的主机是不能访问目标主机上的 FTP 目录的。为了绕过这个限制，攻击者可以使用另一台中间主机来访问目标主机，将一个包含连接目标主机和获取文件命令的文件放到中间主机的 FTP 目录中。当使用中间主机进行连接时，其 IP 地址是中间主机的，而不是攻击者主机的。目标主机便允许这次连接请求，并且向中间主机发送所请求的文件，从而实现对目标主机的间接访问。

解决方案是升级 FTP 软件版本，修改 ftpd 的登录提示信息，关闭不必要的匿名 FTP 服务等。

（四）获取 Sendmail 漏洞信息

UNIX 系统通过 Sendmail 程序提供 E-mail 服务，通过 Sendmail 守护程序来监听 SMTP 端口，并响应远程系统的 SMTP 请求。在大多数的 UNIX 系统中，Sendmail 程序都运行在 Set-UID 根上，并且程序代码量较大，使 Sendmail 成为许多安全漏洞的根源和攻击者首选的攻击目标。

攻击者通过与 SMTP 端口建立直接的对话（TCP 端口号为 25），向 Sendmail 守护进程发出询问，Sendmail 守护进程则会返回有关的系统信息，如 Sendmail 的名字、版本号及配置文件版本等。由于 Sendmail 的老版本存在着一些广为人知的安全漏洞，所以通过版本号可以发现潜在的安全漏洞。最常见的 Sendmail 漏洞有调试函数缓冲区溢出、syslog 命令缓冲区溢出、Send-mail 跳转等。

解决方案是通过安装补丁程序或升级 Sendmail 的版本来修补这些安全漏洞。

（五）TCP 端口扫描

TCP 端口扫描是指扫描程序试图与目标主机的每一个 TCP 端口建立远程连接，如果目标主机的某一 TCP 端口处于监听工作状态，则会进行响应；否则，这个端口是不可用的，没有提供服务。攻击者经常利用 TCP 端口扫描来获得目标主机中的/etc/inetd.conf 文件，该文件包含由 inetd 提供的服务列表。

解决方案是关闭不必要的 TCP 端口。

（六）获取 Finger 漏洞信息

Finger 服务用来提供网上用户信息查询服务，包括网上成员的用户名、最近的登录时间、登录地点等，也可以用来显示一个主机上当前登录的所有用户名。对于攻击者来说，获得一个主机上的有效登录名及其相关信息是很有价值的。

解决方案是关闭一个主机上的 Finger 服务。

（七）获取 Port map 信息

通常，操作系统主要采用三种机制提供网络服务：由守护程序始终监听端口、由 inetd 程序监听端口并动态激活守护程序、由 Port map 程序动态分配端口的 RPC 服务。攻击者可以通过 rpcinfo 命令向一个远程主机上的 Port map 程序发出询问，探测该主机上提供了哪些可用的 RPC 服务。Port map 程序将会返回该主机上可用的 RPC 服务、相应的端口号、所使用的协议等信息。常见的 RPC 服务有 rpc.mountd、rpc.statd、rpc.csmd、rpc.ttybd、amd 等，它们都是被攻击的目标。

解决方案是关闭一个主机上的 Port map 服务（TCP 端口 11）。

（八）获取 rusers 信息

rusers 是一种 RPC 服务，如果远程主机上的 rusers 服务被加载，可以使用 rusers 命令来获取该主机上的用户信息列表，包括用户名、主机名、登录的终端、登录的日期和时间等。这些信息看起来似乎无须保密，但对攻击者来说却是十分有用的。因为当攻击者收集到了某一系统上足够多的用户信息后，便可以通过口令尝试登录方式来试图推测出其中某些用户的口令。由于有些用户总喜欢使用简单的口令，如口令与用户名相同，或者口令是用户名后加三位或四位数字等。一旦这些用户的口令被猜中，获得该系统的 Root 权限就只是一个时间问题。

解决方案是关闭一个主机上的 rusers 服务。

（九）获取 rwho 信息

rwho 服务是通过守护程序（rwhod）向其他 rwhod 程序定期地广播“谁在系统上”的信息。因此，rwho 服务存在一定的安全隐患。另外，攻击者向 rwhod 进程发送某种格式的数据包后，将会导致 rwhod 的崩溃，引起拒绝服务。

解决方案是关闭一个主机上的 rwho 服务。

（十）获取 NFS 漏洞信息

NFS（网络文件系统）提供了网络文件传送服务，并且还可以使用 MOUNT 协议来标识要访问的文件系统及其所在的远程主机。从网络文件传送的角度来说，NFS 有着良好的扩展性和透明性，并简化了网络文件管理操作。从网络安全的角度来说，NFS 却存在较大的安全隐患，这主要表现在以下几个方面：

1.获取 NFS 输出信息

NFS 采用客户/服务器结构。客户端是一个使用远程目录的系统，通过远程目录来使用远程服务器上的文件系统，如同使用本地文件系统一样，服务器端为客户提供磁盘资源共享服务，允许客户访问服务器磁盘上的有关目录或文件。客户端需要将服务器的文件系统安装在本地文件系统上，由服务器端的 mountd 守护进程负责安装和连接文件系统，而 NFS 协议只负责文件传输工作。在一般的 UNIX 系统中，把远程共享目录安装到本地的过程称为安装目录，这是客户端的功能。为客户机提供目录的过程称为输出目录，这是服务器端的功能。客户端可以使用 showmount 命令来查询 NFS 服务器上的信息，如 rpc.mountd 中的具体内容、通过 NFS 输出的文件系统及这些系统的授权等信息。攻击者可以通过分析这些信息和输出目录的授权情况来寻找脆弱点。

2.NFS 的用户认证问题

NFS 提供一种简单的用户认证机制，一个用户的标识信息有 UID（用户标识符）和 GID（所属用户组标识符），服务器端通过检查一个用户的 UID 和 GID 来确认用户身份。由于每个主机的 Root 用户都有权在自己的机器上设置一个 UID，而 NFS 服务器则不管这个 UID 来自何方，只要 UID 匹配，就允许这个用户访问文件系统。例如，服务器上的目录/home/frank 允许远程主机安装，但只能由 UID 为 501 的用户访问。如果一个主机的 Root 用户新增一个 UID 为 501 的用户，然后通过这个用户登录并安装该目录，便可以通过 NFS 服务器的用户认证，获得对该目录的访问权限。另外，大多数 NFS 服务器可以接受 16 位的 UID，这是不安全的，容易产生 UID 欺骗问题。

解决方案是禁止 NFS 服务。如果一定要提供 NFS 服务，则必须采用有效的安全措施，如：正确地配置输出目录，将输出的目录设置成只读属性，不要设置可执行属性，不要在输出的目录中包含 home 目录；禁止有 SUID 特性的程序执行，限制客户的主机地址；使用有安全保证的NFS实现系统；等等。

（十一）获取NIS漏洞信息

NIS（网络信息服务）提供了黄页服务，在一个单位或者组织中允许共享信息数据库，包括用户组、口令文件、主机名、别名、服务名等信息。通过NIS可以集中管理和传送系统管理方面的文件，以确保整个网络管理信息的一致性。

NIS也基于客户/服务器模式，并采用域模型来控制客户机对数据库的访问，数据库通常由几个标准的UNIX文件转换而成，称为NIS映像。一个NIS域中所有的计算机不但共享了NIS数据库文件，而且共享同一个NIS服务器。每个客户机都要使用一个域名来访问该域中的NIS数据库。所有的数据库文件都存放在NIS服务器上，ASCII码文件一般保存在/var/yp/domainname目录中。客户机可以使用domainname命令来检查和设置NIS域名。NIS服务器向NIS域中所有的系统分发数据库文件时，一般不做检查。这显然是一个潜在的安全漏洞。因为获得NIS域名的方法有很多，如猜测法等。一旦攻击者获得了NIS域名，就可以向NIS服务器请求任意的NIS映射，包括passwd映射、hosts映射及aliases映射等，从而获取重要的信息。另外，攻击者还可以利用Finger服务向NIS服务器发动拒绝服务攻击。

解决方案是不要在不可信的网络环境中提供NIS服务，NIS域名应当是秘密的且不易被猜中的。

（十二）获取NNTP信息

NNTP（网络新闻传送协议）既可用于新闻组服务器之间交换新闻信息，也可用于新闻阅读器与新闻服务器之间交换新闻信息。攻击者利用NNTP服务可以获取目标主机中有关系统和用户的信息。NNTP还存在与SMTP类似的脆弱性，但可以通过选择所连接的主机进行保护。

解决方案是关闭NNTP服务。

（十三）收集路由信息

根据路由协议，每个路由器都要周期地向相邻的路由器广播路由信息，通过交换路由信息来建立、更新和维护路由器中的路由表。路由表信息可以使用netstat-nr命令来查询，通过路由表信息可以推测出目标主机所在网络的基本结构。因此，攻击者在攻击目标系统之前都要通过多种方法来收集目标系统所在网络的路由信息，从中推测出网络结构。

（十四）获取 SNMP 漏洞信息

SNMP（简单网络管理协议）是一种基于 TCP/IP 的网络管理协议，用于对网络设备的管理。它采用管理器/代理结构，代理程序驻留在网络设备（如路由器、交换机、服务器等）上，监听管理器的访问请求，执行相应的管理操作。管理器通过 SNMP 协议可以远程监控和管理网络设备。SNMP 请求有两种：一种是 SNMP Get Request，读取数据操作；另一种是 SNMP Set Request，写入数据操作。对于 SNMP 来说，主要存在以下安全漏洞：

1.身份认证漏洞

SNMP 代理是通过 SNMP 请求中所包含的 Community 名来认证请求方身份的，并且是唯一的认证机制。大多数 SNMP 设备的默认 Community 名为 public 或 private，在这种情况下，攻击者不仅可以获得远程网络设备中的敏感信息，而且能通过远程执行指令关闭系统进程，重新配置或关闭网络设备。

2.管理信息获取漏洞

在 SNMP 代理与管理器之间的管理信息是以明文传输的，而管理信息中包含了网络系统的详细信息，如连入网络的系统和设备等。攻击者可以利用这些信息找出攻击目标并规划攻击。

解决方案是关闭 SNMP 服务或者升级 SNMP 的版本（SNMPv3 的安全性要优于 SNMPv2）。

（十五）TFTP 文件访问

TFTP（普通文件传送协议）服务主要用于局域网中，如无盘工作站启动时传输系统文件。TFTP 的安全性极差，存在很多的安全漏洞。例如，在很多系统上的 TFTP 没有任何的身份认证机制，经常被攻击者用来窃取密码文件/etc/passwd；有些系统上的 TFTP 存在目录遍历漏洞（如 Cisco TFTP Server V1.1），攻击者可以通过 TFTP 服务器访问系统上的任意文件，造成信息泄露。

解决方案是关闭 TFTP 服务。

（十六）远程 shell 访问

在 UNIX 系统中，有许多以 r 为前缀的命令，用于在远程主机上执行命令，如 rlogin、rsh 等。它们都在远程主机上生成一个 shell，并允许用户执行命令。这些服务是基于信任的访问机制，这种信任取决于主机名与初始登录名之间的匹配，主机名与登录名存放在 local、rhosts 或 hosts、equiv 文件中，并可以使用通配符。通配符允许一个系统中的任意用户获得访问权，或者允许任何系统中的任何用户获得访问权。这就给攻击者提供了很大的方便，rhosts 文件成为主要的攻击目标。因此，这种基于信任的访问机制是很危险的。解决方案是使用防火墙屏蔽 shell 与 login 端口，防止外部用户获得对这些服务直接访问的权限。在防火墙上还要禁止使用 local、hosts、equiv 文件。同时，在本地系统中应尽可能地禁止或严格地限制 rsh 和 rlogin 服务的使用。

（十七）获取 Rexd 信息

Rexd 服务允许用户在远程服务器上执行命令，与 rsh 类似。但它是通过使用 NFS 将用户的本地文件系统安装在远程系统上来实现的，本地环境变量将输出到远程系统上。远程系统一般只确认用户的 UID 与 GID，而不做其他身份认证。用户使用 on 命令调用远程 Rexd 服务器上的命令，on 命令将继承用户当前的 UID。因此，它有可能被攻击者利用在一个远程系统上执行命令，存在较大的安全隐患。

解决方案是关闭该服务。

（十八）CGI 滥用

CGI（公共网关接口）是外部网关程序与 HTTP 协议之间的接口标准，Web 服务器一般都支持 CGI，以便提供 Web 网页的交互功能。为了动态地交换信息，CGI 程序是动态执行的，并且以与 Web 服务器相同的权限运行。攻击者可以利用有漏洞的 CGI 程序执行恶意代码，如窜改网页、盗窃信用卡信息、安装后门程序等。因此，CGI 是非常不安全的。

CGI 安全问题的解决方案：

第一，不要以 Root 身份运行 Web 服务器。

第二，删除 bin 目录下的 CGI 脚本解释器。

第三，删除不安全的 CGI 脚本。

第四，编写安全的 CGI 脚本。

第五，不要在不需要 CGI 的 Web 服务器上配置 CGI。

在安全漏洞扫描系统中，将各种扫描方法编写成插件程序，形成漏洞扫描方法库，在系统的统一调度下自动完成对一个目标系统的扫描和检测，并将扫描结果生成一个易于理解的检测报告。例如，使用安全漏洞扫描系统检测 IP 地址为 119.20.67.45 的主机上 20～100 号 TCP 端口的工作状态，检测结果如下：

119.20.67.45 21 accepted。

119.20.67.45 23 accepted。

119.20.67.45 25 accepted。

119.20.67.45 80 accepted。

上述检测结果表明，这台主机上的 21、23、25 和 80 号 TCP 端口都被打开，正在提供相应的服务。在 TCP/IP 协议中，1024 以下的端口都是周知的端口，与一个公共的服务相对应，如 21 号端口对应 FTP 服务、23 号端口对应 telnet 服务、25 号端口对应 E-mail 服务、80 号端口对应 Web 服务等。如果发现该主机上打开的 TCP 端口与实际提供的服务不符，或者打开了一些可疑的 TCP 端口，则说明该主机可能被安放了后门程序或存在安全隐患，应当及时采取措施封堵这些端口。

五、漏洞扫描系统的实现

在网络漏洞扫描系统中，漏洞扫描程序通常采用插件技术来实现。一种漏洞扫描程序对应一个插件，扫描引擎通过调用插件的方法来执行漏洞扫描。插件可以采用两种方法来编写：一种是使用传统的高级语言，如 C 语言，它需要事先使用相应的编译器，对这类插件进行编译；另一种是使用专用的脚本语言，脚本语言是一种解释型语言，它需要使用专用的解释器，其语法简单易学，可以简化新插件的编程，使系统的扩展和维护更加容易。网络漏洞扫描系统应当支持这两种插件的实现方法，并提倡使用脚本语言。

在网络漏洞扫描系统中，不仅要使用标准化名称来命名和描述漏洞，而且要建立规范的插件编程环境。为此，系统必须提供一种规范化的插件编程和运行环境，这种环境采用插件框架结构，由一组函数和全局数据结构组成。

第一，插件初始化函数。插件初始化函数提供了插件初始化功能，一个插件应该包含这个函数。

第二，插件运行函数。插件运行函数提供了插件运行功能，包含该插件对应的漏洞扫描执行过程。

第三，库函数。库函数提供了插件可能使用的功能函数。

第四，目标主机操作函数。目标主机操作函数提供了获取被扫描主机有关信息（如主机名、IP 地址、开放端口号等）功能。

第五，网络操作函数。网络操作函数提供了基于套接字的网络操作机制。

第六，插件间通信函数。插件间通信函数提供了插件间共享检测结果的通信机制。

第七，漏洞报告函数。漏洞报告函数提供了漏洞描述和报告功能。

第八，插件库接口函数。插件库接口函数提供了与共享插件库交互的接口功能。共享插件库就是上述的扫描程序库，一个插件只有在进入共享插件库后才是可用的。

插件以文件的形式存放在服务器端，服务器采用链表结构来管理所有的插件。在服务器启动时，首先加载和初始化所有的插件链表，然后根据客户请求调用相应的插件，完成漏洞扫描工作。插件的工作过程如下所示：

第一，插件初始化。服务器采用两级链表结构来管理所有的插件。第一级链表是主链表，包含了所有插件链表的全局参数，如最大线程数、扫描端口范围、配置文件路径名、插件文件路径名等，在服务器启动时完成初始化设置；第二级链表是插件链表，每个插件都对应一个插件链表，存放相应插件的参数，如插件名、插件类型、插件功能描述等，通过调用插件内部的插件初始化参数完成初始化设置。

第二，插件选择。完成插件初始化后，在服务器主链表的插件链表中记录了所有插件信息。这时，服务器端向客户端发送一个插件列表，它包含了所有插件的插件名和插件功能描述等信息。用户可以在客户端上选择本次扫描所需的插件，然后将选择结果传送给服务器。服务器端将这些插件标记在相应的插件链表上。

第三，插件调用。主控程序首先检索插件链表，找到被选择的插件，然后直接调用该插件的插件运行函数，执行漏洞扫描过程。它包括漏洞扫描和结果传送两部分。

第四，结果处理。插件运行函数将扫描结果写入该插件的插件链表中，扫描结果包括漏洞描述、危险性等级、端口号、修补建议等。所有指定的扫描全部完成后，服务器将所有扫描结果传送给客户端。

插件库的更新和维护可以采取两种方法：一是下载标准的 CVE 插件；二是自行编写插件，然后将插件添加到插件库中。为了简化和规范插件的编写，可以采用插件生成器技术来指导和协助插件的编程。

六、漏洞扫描系统应用

在实际应用中，网络漏洞扫描系统通常连接在网络主干的核心交换机端口上，对全网的各种网络设备、服务器、主机进行安全漏洞扫描。在安全漏洞扫描时，所有的设备和计算机应处于开机状态，以便保证安全漏洞扫描的广度和深度。

网络漏洞扫描系统是一种重要的网络安全管理工具，根据所制定的安全策略，定期对网络系统进行安全漏洞扫描，其扫描结果可作为评估网络安全风险的重要依据。网络漏洞扫描系统是一把双刃剑，攻击者也可以通过网络漏洞扫描系统寻找安全漏洞，并加以利用，实施网络攻击。因此，定期对网络系统进行安全漏洞扫描是十分重要和必要的，一旦发现安全漏洞，应及时修补，并且要定期更新扫描方法库（漏洞库），使网络漏洞扫描系统能够检测到新的安全漏洞并及时修补。

第三节　网络入侵检测技术

网络入侵检测是一种动态的安全检测技术，能够在网络系统运行过程中发现入侵者的攻击行为和踪迹，一旦发现网络攻击现象，就会发出报警信息，还可以与防火墙联动，对网络攻击进行阻断。

入侵检测系统（intrusion detection system, IDS）被认为是防火墙之后的第二道安全防线，与防火墙组合起来，构成比较完整的网络安全防护体系，共同对付网络攻击，进一步增强网络系统的安全性，扩展网络安全管理能力。IDS 将在网络系统中设置若干检测点，并实时监测和收集信息，通过分析这些信息来判断网络中是否发生违反安全策略的行为和被入侵的迹象。如果发现网络攻击现象，则会作出适当的反应，发出报警信息并记录日志，为追查攻击者提供证据。

一、入侵检测基本原理

根据入侵检测方法的不同，入侵检测技术可分为异常检测和误用检测两大类。

异常检测是通过建立典型网络活动的轮廓模型来实现入侵检测的。它通过提取审计踪迹（如网络流量和日志文件）中的特征数据来描述用户行为，建立轮廓模型。每当检测到一个新的行为模式，就与轮廓模型相比较，如果二者之差超过一个给定的阈值，将会引发报警，表示检测到一个异常行为。例如，一般在白天使用计算机的用户，如果突然在午夜注册登录，则被认为是异常行为，有可能是入侵者在使用。在异常检测方法中，需要解决的问题是：从审计踪迹中提取特征数据来描述用户行为、正常行为和异常行为的分类方法及轮廓模型的更新技术等。这种入侵检测方法的检测率较高，但误检率也比较高。

误用检测是根据事先定义的入侵模式库，通过分析这些入侵模式是否发生来检测入侵行为。大部分入侵利用了系统脆弱性，通过分析入侵行为的特征、条件、排列及事件间的关系来描述入侵者踪迹。这些踪迹不仅对分析已经发生的入侵行为有帮助，而且对即将发生的入侵也有预警作用，只要出现部分入侵踪迹就意味着有可能发生入侵。通常，这种入侵检测方法只能检测到入侵模式库中已有的入侵模式，而不能发现未知的入侵模式，甚至不能发现有轻微变异的入侵模式，并且检测精确度取决于入侵模式库的完整性。这种检测方法的检测率比较低，但误检率也比较低。大多数的商用入侵检测系统都属于这类系统。

从分析数据来源的角度划分，入侵检测系统可以分为基于日志的入侵检测和基于数据包的入侵检测两种。

基于日志的入侵检测是指通过分析系统日志信息的方法来检测入侵行为。由于操作系统和重要应用系统的日志文件中包含详细的用户行为信息和系统调用信息，从中可以分析出系统是否被入侵及入侵者所留下的踪迹等。

基于数据包的入侵检测是指通过捕获和分析网络数据包来检测入侵行为，因为数据包中同样也含有用户行为信息。例如，对于一个 TCP 连接，与用户连接行为有关的特征数据如下。

第一，建立TCP连接时的信息。在建立TCP连接时是否经历了完整的三次握手过程。可能的错误信息有：被拒绝的连接、有连接请求但连接没有建立起来[发起主机没有接收到SYN（同步序列编号）应答包]、无连接请求却接收到了SYN应答包等。

第二，在TCP连接上传送的数据包、应答包及统计数据。统计数据包括数据重发率、错误重发率、两次应答包比率、错误包尺寸比率、双方所发送的数据字节数、数据包尺寸比率和控制包尺寸比率等。

第三，关闭TCP连接时的信息。一个TCP连接以何种方式被终止的信息，如正常终止（双方都发送和接收了结束段）、异常中断（一方发送了RST包，并且所有的数据包都被应答）、半关闭（只有一方发送了结束段）和断开连接等。

因此，每个TCP连接将形成一个连接记录，包含以下属性信息：开始时间、持续时间、参与主机地址、端口号、连接统计值（双方发送的字节数、重发率等）、状态信息（正常的或被终止的连接）和协议号（TCP或UDP）等。这些属性信息构成了一个用户连接行为的基本特征。

通过分析网络数据包可以将入侵检测的范围扩大到整个网络，并且可以实现实时入侵检测。而基于日志分析的入侵检测则局限于本地用户和主机系统上。

总之，入侵检测系统提供了对网络入侵事件的检测和响应功能。具体地，一个入侵检测系统应提供下列主要功能：第一，用户和系统活动的监视与分析；第二，系统配置及其脆弱性的分析和审计；第三，异常行为模式的统计分析；第四，重要系统和数据文件的完整性监测和评估；第五，操作系统的安全审计和管理；第六，入侵模式的识别与响应，如记录事件和报警等。

二、入侵检测系统的组成

入侵检测系统通常由信息采集、信息分析和攻击响应等部分组成。

（一）信息采集

入侵检测的第一步是信息采集，主要采集系统、网络及用户活动的状态和行为等信息。这就需要在计算机网络系统中的关键点（不同网段和不同主机）设置若干个检测器来采集信息，其目的是尽可能地扩大检测范围，提高检测精度。因为来自一个检测点的信息可能不足以判别入侵行为，而通过比较多个检测点的信息一致性便容易辨识可疑行为或入侵活动。

由于入侵检测很大程度上依赖于所采集信息的可靠性和正确性，因此入侵检测系统本身应当具有很强的鲁棒性，并且具有保证检测器软件安全性的措施。入侵检测主要基于以下四类信息：

1.系统日志文件信息

攻击者在攻击系统时，不管成功与否，都会在系统日志文件中留下踪迹和记录。因此，系统日志文件是入侵检测系统主要的信息来源。通常，每个操作系统及重要应用系统都会建立相应的日志文件，系统自动把网络和系统中所发生的异常事件、违规操作及系统错误记录在日志文件中，作为事后安全审计和事件分析的依据。通过查看和分析日志文件信息，可以发现系统是否出现被入侵的迹象、系统是否发生过入侵事件、系统是否正在被入侵等，根据分析结果，激活入侵应急响应程序，采取适当的措施，如发出报警信息、切断网络连接等。在日志文件中，记录有各种行为类型，每种类型又包含了多种信息。例如，在“用户活动”类型的日志记录中，包含了系统登录、用户ID的改变、用户访问的文件、违反权限的操作和身份认证等信息内容。对用户活动来说，重复的系统登录失败、企图访问未经授权的文件及登录到未经授权的网络资源上等都被认为是异常的或不期望的行为。

2.目录和文件的完整性信息

在网络文件系统中，存储了大量的程序文件和数据文件，其中包含重要的系统文件和用户数据文件，它们往往成为攻击者破坏或窜改的目标。如果在目录和文件中发生了不期望的改变（包括修改、创建和删除），则意味着可能发生了入侵事件。攻击者经常使用的攻击手法包括：获得系统访问权；安放后门程序或恶意程序，甚至破坏或窜改系统重要文件；修改系统日志文件，清除入侵活动的痕迹。对这类入侵事件的检测可以通过检查目录和文件的完整性信息来实现。

3.程序执行中的异常行为

网络系统中的程序一般包括网络操作系统、网络服务和特定的网络应用（如数据库服务器）等，系统中的每个程序通常由一个或多个进程来实现，每个进程可能在具有不同权限的环境中执行，这种环境控制着进程可访问的系统资源、程序和数据文件等。一个进程的执行表现为执行某种具体的操作，如数学计算、文件传输、操纵设备、进程通信和其他处理等。不同操作的执行方式，所需的系统资源也不同。如果在一个进程中出现了异常的或不期望的行为，则表明系统可能被非法入侵。攻击者可能分解和扰乱程序的正常执行，导致系统异常或失败。例如，攻击者使用恶意程序来干扰程序的正常执行，出现用户不期望的操作行为；或者通过恶意程序创建大量的非法进程，抢占有限的系统资源，导致系统拒绝服务。

4.物理形式的入侵信息

这类信息包含两个方面的内容：一是网络硬件连接，二是未经授权的物理资源访问。攻击者经常使用物理方法来突破网络系统的安全防线，从而达到网络攻击的目的。例如，现在的计算机都支持无线上网，如果用户在访问远程网络时没有采取有效的保护（如身份认证、信息加密等），则攻击者有可能利用无线监听工具进行非法获取，导致无线上网成为一种威胁网络安全的后门。攻击者就会利用这个后门来访问内部网，从而绕过内部网的防护措施，达到攻击系统、窃取信息等目的。

在系统日志文件中，有些日志信息并非为了保证信息安全，需要花费大量的时间进行筛选处理。因此，一般的入侵检测系统都自带信息采集器或过滤器，有针对性地采集和筛选审计追踪信息。同时，还要充分利用来自其他信息源的信息。例如，有些入侵检测系统采用了三级审计追踪：一级是用于审计操作系统核心调用行为的，二级是用于审计用户和操作系统界面级行为的，三级是用于审计应用程序内部行为的。

（二）信息分析

对于所采集到的信息，主要通过三种分析方法进行信息分析：模式识别、统计分析和完整性分析。模式识别可用于实时入侵检测，而统计分析和完整性分析则用于事后分析和安全审计。

1.模式识别

在模式识别方法中，必须预先建立一个入侵模式库，将已知的网络入侵模式存放在该库中。在系统运行时，将采集到的信息与入侵模式库中已知的网络入侵模式和特征进行比较，从而识别出违反安全策略的行为。模式识别精度和执行效率取决于模式识别算法。通常，一种入侵模式可以用一个过程（如执行一条指令）或一个输出（如获得权限）来表示。这种方法的主要优点是只需要收集相关的数据集合，可以显著地减少系统负担，并且具有较高的识别精度和执行效率。由于这种方法以已知的网络入侵模式为基础，不能检测到新的未知入侵模式，因此需要不断地升级和维护入侵模式库。然而，未知入侵模式的发现可能以系统被攻击为代价。

2.统计分析

在统计分析方法中，首先为用户、文件、目录和设备等对象创建一个统计描述，统计正常使用时的一些测量平均值，如访问次数、操作失败次数和延迟时间等。在系统运行时，将采集到的行为信息与测量平均值进行比较，如果超出正常值范围，则认为发生了入侵事件。例如，通过统计分析来标识一个用户的行为，如果发现一个只能在早 6 点至晚 8 点登录的用户却在凌晨 2 点试图登录，则认为发生了入侵事件。这种方法的优点是可以检测到未知的和复杂的入侵行为；缺点是误报率和漏报率比较高，并且不适应用户正常行为的突然改变。在统计分析方法中，有基于常规活动的分析方法、基于神经网络的分析方法、基于专家系统的分析方法、基于模型推理的方法和完整性分析方法等。

（1）基于常规活动的分析方法

对用户常规活动的分析是实现入侵检测的基础，通过对用户历史行为的分析来建立用户行为模型，生成每个用户的历史行为记录库，甚至能够学习被检测系统中每个用户的行为习惯。当一个用户行为习惯发生改变时，这种异常行为就会被检测出来，并且能够确定用户当前行为是否合法。例如，入侵检测系统可以对 CPU 的使用、I/O 的使用、目录的建立与删除、文件的读写与修改、网络的访问操作及应用系统的启动与调用等进行分析和检测。

通过对用户行为习惯的分析可以判断被检测系统是否处于正常使用状态。例如，一个用户通常在正常的上班时间使用机器，根据这个认识，系统可以很容易地判断机器是否被合法地使用。这种检测方法同样适用于检测程序执行行为和文件访问行为。

（2）基于神经网络的分析方法

由于一个用户的行为是非常复杂的，所以实现一个用户的历史行为和当前行为的完全匹配是十分困难的。虚假的入侵报警通常是由统计分析算法所基于的无效假设而引起的。为了提高入侵检测的准确率，应在入侵检测系统中引入神经网络技术，用于解决以下几个问题：

一是建立精确的统计分布。统计方法往往依赖于对用户行为的某种假设，如关于偏差的高斯分布等，这种假设常常导致大量的假报警；神经网络技术则不依赖于这种假设。

二是入侵检测方法的适用性。某种统计方法可能适用于检测某一类用户行为，但并不一定适用于另一类用户；神经网络技术不存在这个问题，实现成本比较低。

三是系统可伸缩性。统计方法在检测具有大量用户的计算机系统时，需要保留大量的用户行为信息；神经网络技术则可以根据当前的用户行为来检测。

神经网络技术也有一定的局限性，并不能完全取代传统的统计方法。

（3）基于专家系统的分析方法

根据安全专家对系统安全漏洞和用户异常行为的分析形成一套推理规则，并基于规则推理来判别用户行为是正常行为还是入侵行为。例如，如果一个用户在 5 min 之内使用同一用户名连续登录失败超过三次，则可认为是一种入侵行为。

这种方法是基于规则推理的，即根据用户历史行为知识来建立相应的规则，以此来推理出有关行为的合法性。当一个入侵行为不触发任何一个规则时，系统就会检测不到这个入侵行为。因此，这种方法只能发现那些已知安全漏洞所导致的入侵，而不能发现新的入侵方法。另外，某些非法用户行为也可能由于难以监测而被漏检。

（4）基于模型推理的分析方法

在很多情况下，攻击者是使用某个已知的程序来入侵一个系统的，如口令猜测程序等。基于模型推理的方法通过为某些行为建立特定的攻击模型来监测某些活动，并根据设定的入侵脚本来检测出非法的用户行为。在理想情况下，应当为不同的攻击者和不同的系统建立特定的入侵脚本。当用户行为触发某种特定的攻击模型时，系统应当收集其他证据来证实或否定这个攻击的存在，尽可能地避免虚假的报警。

（5）完整性分析方法

在完整性分析方法中，首先使用 MD5、SHA 等单向散列函数计算被检测对象（如文件或目录内容和属性）的检验值。在系统运行时，将采集到的完整性信息与检验值进行比较，如果两者不一致，则表明被检测对象的内容和属性发生了变化，认为发生了入侵事件。这种方法能够识别被检测对象的微小变化或修改，如应用程序或网页内容被窜改等。由于该方法一般采用批处理的方式来实现，因此不能实时地作出响应。完整性分析方法是一种重要的网络安全管理手段，管理员可以每天在某一特定时段启动完整性分析模块，对网络系统的完整性进行全面检查。

可见，任何一种分析方法都有一定的局限性，应当综合运用各种分析方法来提高入侵检测系统的检测精度和准确率。

（三）攻击响应

攻击响应是指入侵检测系统在检测出入侵事件时所做的处理。通常，攻击响应方法主要是发出报警信息，将报警信息发送到入侵检测系统管理控制台上，也可以通过 E-mail 发送到有关人员的邮箱中，具体方法取决于一个入侵检测系统产品所支持的报警方式和配置。同时，还要将报警信息记录在入侵检测系统的日志文件中，作为追查攻击者的证据。

一些入侵检测系统产品支持与防火墙的联动功能，当入侵检测系统检测到正在进行的网络攻击时，会向防火墙发出信号，由防火墙来阻断网络攻击行为。

三、入侵检测的主要方法

目前，入侵检测技术的研究重点是针对未知攻击模式的检测方法及其相关技术，提出一些检测方法，如数据挖掘、遗传算法、免疫系统等。其中，基于数据挖掘的检测方法通过分类、连接分析和顺序分析等数据分析方法来建立检测模型，提高对未知攻击模式的检测能力。

在数据挖掘中，采用分类方法对审计数据进行分析，建立相应的检测模型，并依据检测模型从当前和今后的审计数据中检测出已知的和未知的入侵行为，其检测模型的精确度依赖于大量的训练数据和正确的特性数据集。关联规则和频繁事件算法主要用于计算审计数据的一致模式，这些模式组成了一个审计追踪的轮廓，可用于指导审计数据的收集、系统特性的选择及入侵模式的发现等。

（一）数据预处理

在基于数据挖掘的入侵检测方法中，首先需要采集大量的审计数据，其中应当包含代表“正常”行为和“异常”行为的两类数据。然后对数据进行预处理，构造两个样本数据集：训练数据集和测试数据集。也可以先构造一个较大的样本数据集，然后将样本数据集分成训练数据集和测试数据集两部分。

样本数据集主要来自每个主机中的日志文件或实时采集的网络数据包。为了描述一个程序或用户的行为，需要从样本数据集中提取有关的特征数据，如使用 TCP 连接数据来描述用户的连接行为。

（二）数据分类

分类是数据挖掘中常用的数据分析方法，通过分类算法将一个数据项映射到预定义的某种数据类中，并生成相应的模型或分类器输出。

数据分类一般分为两个阶段：

第一阶段是使用一种分类算法建立模型或分类器，描述预定的数据类集合。分类算法首先在一个由样本数据组成的训练数据集上进行学习，然后根据数据特征和描述将一个数据项映射到预定义的某一数据类中，并建立分类器模型。分类算法可以采用分类规则、判定树或数学公式等。

第二阶段是在测试数据集上应用分类器进行数据分类测试，对分类器的精确度和效率进行评估。

将分类方法应用于入侵检测时，首先需要采集大量的审计数据，其中包含“正常”和“异常”两类数据，经过数据预处理后，构造一个训练数据集和一个测试数据集。然后在训练数据集上应用一种分类算法，建立分类器模型，分类器中的每个模式分别描述一种系统行为样式。最后将分类器应用于测试数据集，评估分类器的精确度。一个良好的分类器应当具有高检测率和低误检率，检测率是指正确检测到异常行为的概率，误检率是指错误地将正常行为当作异常行为的概率，也称为假肯定率。一个良好的分类器可以用于今后对未知恶意行为的检测。

为了提高检测精确度，可以采用基于多个检测模型联合的分类模型，将多个分类器输出的不同证据组合成一个联合证据，以便产生一个更为精确的断言。这种联合分类模型可以采用一种层次化检测模型来实现。它定义了两种分类器——基础分类器和中心分类器，并按两层结构来组织这些分类器。底层是多个基础分类器，基础分类器的每个模式对应一种系统行为样式，其作用是根据训练数据中的特征数据来判断一种系统行为是否符合该模型，然后作为证据提交给中心分类器，进行最后的决策。高层是中心分类器，它根据各个基础分类器提交的证据产生最终的断言。这种层次化检测模型的基本学习方法如下：

第一，构造基础分类器。每个模型对应不同的系统行为样式。

第二，表达学习任务。训练数据中的一个记录可以看作一个基础分类器所采集的证据，基础分类器将根据一个记录中的每个属性值来判定该系统行为是属于“正常”还是属于“异常”，即它是否符合该模型。

第三，建立中心分类器。使用一种学习算法来建立中心分类器，并输出最终的断言。

基于不同系统行为模式的多个证据进行综合决策，显然可以提高分类模型的精确度。这种层次化检测模型可以映射成一种分布式系统结构，不仅有利于提高检测精确度，还有利于分散检测任务负载，提高分类模型的执行效率。

（三）关联规则

关联规则主要用于从大量数据中发现数据项之间的相关性。数据形式是数据记录集合，每个记录由多个数据项组成。

一个关联规则可以表示成：X+Y、置信度和支持度。其中，X 和 Y 是一个记录中的项目子集，支持度是包含 X+Y 记录的百分比，置信度是 support（X+Y）与 support（X）的比率。

在入侵检测中，关联规则主要用于分析和发现日志数据之间的相关性，为正确地选择入侵检测系统特性集合提供决策依据。

日志数据被表示成格式化的数据库表，其中每一行是一个日志记录，每一列是一个日志记录的属性字段，以表示系统特性。在这些系统特性中，明显存在着用户行为的频繁相关性。例如，为了检测出一个已知的恶意程序行为，可以将一个特权程序的访问权描述为一种程序策略，它应当与读写某些目录或文件的特定权限一致，通过关联规则可以捕获这些行为的一致性。

例如，将一个用户使用 shell 命令的历史记录表示成一个关联规则：trn+rec.log。其中，置信度为 0.4，支持度为 0.15，它表示该用户调用 trn 时，40%的时间是在读取 rec.log 中的信息，并且这种行为占该用户命令历史记录中所有行为的 15%。

（四）频繁事件

频繁事件是指频繁发生在一个滑动时间窗口内的事件集，这些事件必须以特定的最小频率同时发生在一个滑动时间窗口内。频繁事件分为顺序频繁事件和并行频繁事件，一个顺序频繁事件必须按局部时间顺序地发生，而一个并行频繁事件则没有这样的约束。

对于 X 和 Y，X+Y 是一个频繁事件，而 X+Y，confidence＝frequency（X+Y）/frequency（X）和 support＝frequency（X+Y）称为一个频繁事件规则。例如，在一个 Web 网站日志文件中，一个顺序频繁事件规则可以表示为 home、research-security。它表示当用户访问该网页（home）和研究项目简介（research）时，在 30 s 内随后访问信息安全组（security）网页的情况为 30%，并且发生这个访问顺序的置信度为 0.3、支持度为 0.1。

由于程序执行和用户命令中明显存在着顺序信息，使用频繁事件算法可以发现日志记录中的顺序信息及它们之间的内在联系。这些信息可用于构造异常行为轮廓。

（五）模式发现和评价

使用关联规则和频繁事件算法可以从审计踪迹中生成一个规则集，它们由关联规则和频繁事件组成，可用于指导审计处理。为了从审计踪迹中发现新的模式（规则），可以多次以不同的设置来运行一个程序，以便生成新的审计踪迹。对于每次程序运行所发现的新规则，可以通过合并处理加入现有的规则集中，并使用匹配计数器（match count）来统计在规则集中规则的匹配情况。

在规则集稳定（无新规则的加入）后，便产生一个基本的审计数据集，然后通过修剪规则集，去除那些 match count 值低于某一阈值的规则，其中阈值是基于 match count 值占审计踪迹总量的比率来确定的，通常由用户指定。

从日志数据中发现的模式可以直接用于异常检测。首先使用关联规则和频繁事件算法从一个新的审计踪迹中生成规则集，然后与已建立的轮廓规则集进行比较，通过评分（scoring）功能进行模式评估。通常，它可以识别出未知的新规则、支持度发生改变的规则以及与支持度/置信度相悖的规则等。

为了评估分类器的精确度，通常使用一个测试数据集对分类器进行测试。根据有关的研究和实验，基于数据挖掘的入侵检测方法具有较高的检测率和较低的误检率，与所采用挖掘算法、训练数据集以及系统构成等因素有关。

四、入侵检测系统分类

根据系统结构和检测方法，入侵检测系统主要分成两类：基于主机的入侵检测系统（Host-based IDS, HIDS）和基于网络的入侵检测系统（Network-based IDS, NIDS）。

（一）基于主机的入侵检测系统

HIDS 是通过分析用户行为的合法性来检测入侵事件的。在 HIDS 中，可以把入侵事件分为三类：外部入侵、内部入侵和行为滥用。

1.外部入侵

外部入侵是指入侵者来自计算机系统外部，可以通过审计企图登录系统的失败记录来发现外部入侵者。

2.内部入侵

内部入侵是指入侵者来自计算机系统内部，主要是由那些有权使用计算机，但无权访问某些特定网络资源的用户或程序发起的攻击，包括假冒用户和恶意程序。可以通过分析企图连接特定文件、程序和其他资源的失败记录来发现它们。例如，可以通过比较每个用户的行为模型和特定的行为来发现假冒用户；可以通过监测系统范围内的某些特定活动（如 CPU、内存和磁盘等活动），并与通常情况下这些活动的历史记录相比较来发现恶意程序。

3.行为滥用

行为滥用是指计算机系统的合法用户有意或无意地滥用他们的特权，只靠审计信息来发现往往是比较困难的。

HIDS 采用审计分析机制，首先从主机系统的各种日志中提取有关信息，如哪些用户登录了系统，运行了哪些程序，哪些文件何时被访问或修改过，使用了多少内存和磁盘空间等。由于信息量比较大，必须采用专用检测算法和自动分析工具对日志信息进行审计分析，从中发现一些可疑事件或入侵行为。系统实现方法有两种：脱机分析和联机分析。脱机分析是指入侵检测系统离线对日志信息进行处理，分析和判别计算机系统是否遭受过入侵，如果系统被入侵过，则提供有关攻击者的信息。联机分析是指入侵检测系统在线对日志信息进行处理，当发现有可疑的入侵行为时，系统立刻发出报警，以便管理员对所发生的入侵事件作出适当处理。

审计分析机制不仅提供了对入侵行为的检测功能，而且提供了用户行为的证明功能，可以用来证明一个受到怀疑的人是否有违法行为。因此，这种审计分析机制不仅是一种技术手段，还具有行为约束能力，促使用户为自己的行为负责，增强用户的责任感。审计分析机制还可以用来发现合法用户滥用特权的行为或者来自内部的攻击。

HIDS 是一种基于日志的事后审计分析技术，并非实时监测网络流量，因此对入侵事件反应比较迟钝，不能提供实时入侵检测功能。另外，HIDS 产品与操作系统平台密切相关，只局限于少数几种操作系统。

（二）基于网络的入侵检测系统

NIDS 采用实时监测网络数据包的方法进行动态入侵检测，NIDS 一般部署在网络交换机的镜像端口上，实时采集和检查数据包头和内容，并与入侵模式库中已知的入侵模式相比较。如果检测到恶意的网络攻击，则采取适当的方法进行响应。通常，NIDS 由检测器、分析器和响应器组成。

1.检测器

检测器可用于采集和捕获网络中的数据包，并将异常的数据包发送给分析器。根据安全策略，可以部署在多个网络关键位置上。如果要检测来自互联网的攻击，则应当将检测器部署在防火墙的外面；如果要检测来自内部网的攻击，则应当将检测器部署在被监测系统的前端。

2.分析器

分析器可接收来自检测器的异常报告，根据数据库中已知的入侵模式进行分析比较，以确定是否发生了入侵行为。对于不同的入侵行为，通知响应器作出适当的反应。其中，模式库用于存放已知的入侵模式，为分析器提供决策依据。

3.响应器

根据分析器的决策结果，响应器作出适当的反应，包括发出报警、记录日志、与防火墙联动阻断等。

入侵检测系统捕获一个数据包后，首先检查数据包所使用的网络协议、数据包的签名以及其他特征信息，分析和推断数据包的用途和行为。如果数据包的行为特征与已知的攻击模式相吻合，则说明该数据包是攻击数据包，必须采用应急措施进行处理。

NIDS 能够有效地检测出已知的 DDoS 攻击、IP 欺骗等，对未知的网络攻击，仍存在检测盲点问题。这需要不断更新和维护入侵模式库，开发具有自学习功能的智能检测方法来解决。另外，NIDS 目前还不能对加密的数据包进行分析和识别，这是一个潜在的隐患，因为密码技术已广泛应用于网络通信系统中。

NIDS 通常作为一个独立的网络安全设备来应用，与操作系统平台无关，部署和应用相对比较容易。

对于 NIDS 来说，检测准确率主要取决于入侵模式库中的入侵模式多少和检测算法的优劣，因此需要定期更新入侵模式库和升级软件版本，使 NIDS 能够检测到新的入侵模式和攻击行为。

另外，NIDS 检测准确率还与数据采集的完整性有关，数据采集和处理速度应与网络系统的传输速率相匹配，以避免因速率不匹配而造成数据丢失，影响到检测准确率。目前，NIDS 产品有 100 Mb/s、1 000 Mb/s、10 000 Mb/s 产品，分别适用于对应速率的网络环境中。当然，它们的价格也相差较大。

五、入侵检测系统的应用

在实际应用中，通常将入侵检测系统连接在被监测网络的核心交换机镜像端口上，通过核心交换机镜像端口采集全网的数据流量进行分析，从中检测出所发生的入侵行为和攻击事件。

下面是几个入侵检测的例子，通过这些入侵检测例子可以知道怎样来识别网络攻击。

（一）网络路由探测攻击

网络路由探测攻击是指攻击者对目标系统的网络路由进行探测和追踪，收集有关网络系统结构方面的信息，寻找适当的网络攻击点。如果该网络系统受到防火墙的保护而难以攻破，则攻击者至少探测到该网络系统与外部网络的连接点或出口，攻击者可以对该网络系统发起拒绝服务攻击，造成该网络系统的出口处被阻塞。因此，网络路由探测是发动网络攻击的第一步。

检测网络路由探测攻击的方法比较简单，查找若干个主机 2 s 之内的路由追踪记录，在这些记录中找出相同和相似名字的主机。

网络路由探测也可以作为一种网络管理手段来使用。例如，ISP（Internet 服务提供商）可以用它来计算到达客户端最短的路由，以优化 Web 服务器的应答，提高服务质量。

（二）TCP-SYN Flood 攻击

TCP-SYN Flood 攻击是一种分布拒绝服务攻击，一个网络服务器在短时间内接收到大量的 TCP SYN（建立 TCP 连接）请求，导致该服务器的连接队列被阻塞，拒绝响应任何服务请求。

（三）事件查看

通常，在网络操作系统中都设有各种日志文件，并提供日志查看工具。用户可以使用日志查看工具来查看日志信息，观察用户行为或系统事件。例如，在 Windows 操作系统中，提供了事件日志和事件查看器工具，管理员可以使用事件查看器工具来查看系统发生的错误和安全事件。在 Windows 操作系统中，主要有三种事件日志。

1.系统日志

系统日志记录与 Windows NT Server 系统组件相关的事件，如系统启动时所加载的系统组件名，加载驱动程序时出现的错误等。

2.安全日志

安全日志记录与系统登录和资源访问相关的事件，如有效或无效的登录企图和次数，创建、打开、删除文件或其他对象等。

3.应用程序日志

应用程序日志记录与应用程序相关的事件，如应用程序加载、操作错误等。

使用事件查看器工具可以查看这些事件日志信息，一般的用户可以查看系统日志和应用程序日志，而只有系统管理员才能查看安全日志。通常，每种事件日志都由事件头、事件说明以及附加信息组成。通过“事件查看器”可以查看指定的事件日志，每一行显示一个事件，包括日期、时间、来源、事件类型、分类、事件 ID、用户账号以及计算机名等。

在 Windows 操作系统中，定义了错误、警告、信息、审核成功和审核失败等事件类型，用一个图标来表示。事件说明是日志信息中最有用的部分，它说明了事件的内容或重要性，其格式和内容与事件类型相关，并且各不相同。

六、动态威胁防御系统

如今为了成功保护企业网络，安全防御必须部署在网络的各个层面，并采取新的检测和防护机制。一个设计优良的安全检测系统，可以提供全面的检测功能，包括：集成关键安全组件的状态检测防火墙；可实时更新病毒和攻击特征的网关防病毒；IDS 和 IPS 预置数千个攻击特征，并提供用户定制特征的机制；等等。DTPS（动态威胁防御系统）是超越传统防火墙、针对已知和未知威胁、提升检测能力的新技术。它将防病毒、IDS、IPS（入侵防御系统）和防火墙模块中的有关攻击的信息进行关联，并将各种安全模块无缝地集成在一起。

由于在每一个安全功能组件之间可以互相通信，共享“威胁索引”信息，以识别可疑的恶意流量，而这些流量可能还未被提取攻击特征。通过跟踪每一安全组件的检测活动，实现降低误报率，以提高整个系统的检测精确度。相比之下，这些安全方案是多个不同厂商的安全部件（防病毒、IDS、IPS、防火墙）组合起来的，相对缺乏协调检测工作的能力。

如果发现了特征的匹配，DTPS 按照在行为策略中定义的规则来处理有害流量重置客户端、重置服务器等。另外，安全防护响应网络可提供病毒库、IDS、IPS 特征以及安全引擎最新版本，以保持实时更新。这就保证了具有最新特征的威胁会被识别出来，并被快速阻挡。

如果不能找到特征的匹配，系统就会启动启发式扫描和异常检测引擎，进一步仔细检查会话流量，以发现异常。通过使用最新的启发式扫描技术、异常检测技术和动态威胁防御系统，安全平台大大提高了对已知和未知威胁的防御能力，也有利于使性能达到最佳。

第八章　计算机技术的应用

第一节　动漫设计中计算机技术的应用

在计算机技术不断发展的背景下，新的动漫制作软件应运而生，在动漫产业中，计算机得到了进一步应用。动漫技术作为动漫制作行业中不可或缺的关键因素，在计算机技术的支持下方可提升动漫制作水平和效率。现如今，动漫工作人员必须学好计算机技术才能步入动漫产业中，比如需要学习如何运用三维立体显示技术、三维成像技术等。我国计算机技术的应用和发展与发达国家相比仍然存在较大差距，为此，需要不断提升我国相关工作者运用和研发计算机技术的能力。

一、动漫产业发展概况

世界上三个国家的动漫产业发展比较好，市场份额比较高：第一是美国。20 世纪 90 年代，美国动漫出口率已经高于其他传统工业，可以说世界上很多国家的动漫发展都深受美国影响。第二是日本。日本动漫产业非常发达，仅次于美国，其中动漫游戏出口率非常高，对日本国民经济发展起到了非常重要的作用。第三位韩国。虽然韩国动漫与美国、日本相比，还有一定的差距，但却远在中国之上，其动漫产业是国民经济的第三大产业。

我国的动漫产业发展相对较晚，目前还在不断摸索探寻过程中，这也说明我国的动漫产业有着非常好的发展空间。我国相关部门出台了很多政策来推动我国动漫产业的发展。我国的动漫产业在多方努力下也取得了较快的进步，但是我们仍然要有清醒的自我认识，要朝着发达国家先进的动漫产业发展方向不断努力前进。就现实情况来看，我国动漫产业有待解决的问题有很多，比如动漫创作理念陈旧，一直深受传统理念制约，过于注重教育功能，因此比较适合儿童观看，而青少年以及成年人受众非常少，所以这部分市场份额有待开发；我国动漫产业发展情况一直滞后于精神文化发展，无法满足市场需求，所以我国有很多动漫产品出现了滞销的问题。除此之外，最为严重的问题就是我国动漫企业创新比较差，绝大多数产品都没有创新性，而研发动漫产品的企业也没有品牌意识，所以我国的动漫公司通常规模都不是很大，也难以实现扩大再生产。总之，我国动漫产业发展形势一片大好，但就现实情况来看，我们与动漫产业大国相比还有一定的差距。我们只有正视这种差距，才能取得更好的发展。

二、计算机技术在动漫领域中的应用

（一）动漫设计 3D 化

虚拟技术是动漫设计中重要的技术之一。所谓虚拟技术，就是有机结合艺术与计算机技术，在动漫设计中使用计算机技术设计出三维视觉，在这种情况下动漫画质得到了质的突破，观看者可以享受更加舒适、真实的动漫效果。此外，计算机技术可以改善图像形成结构。与传统的图像相比，3D 技术的应用改善了动画图像的显示效果，计算机平台极大地推动了动漫产业的发展和进步，为动漫产业注入了新的活力。

（二）画面的真实性增加

传统的动漫设计中的画面处理常常会出现失真的情况，给人以粗糙的感觉。计算机技术的应用提升了动漫设计画面的处理精细度，让画面的真实性增强。各物体在虚拟世界中有了更加独立的活动，计算机技术和动力学、光学等多门学科的综合运用使画面设计的视觉效果更加真实，观看者可以看到更加真实完美的画质。

（三）三维画面自然交互

经过现实化处理后，能够形成清晰的三维画面，使观看者如临其境。尤其是 4D、5D 技术的到来，为观看者创造了更加真实的视觉感受。计算机技术和数字技术在不断发展的过程中，也创造了更加丰富多样的互动交流形式。其中，手语交流是人与虚拟世界自然交互的一种方式。在动漫产业中，自然交互形式可以说是一座里程碑，代表了动漫产业中计算机发展的一大成果。

三、计算机动漫设计技术发展

在现代信息科技时代，计算机以及各种软件发展更新的速度惊人，在工作、娱乐、生活中更好地应用计算机和各种软件已经成为基本要求。通信、电影等行业对计算机技术的依赖性不断增加，这些产业的未来发展在很大程度上受计算机技术发展的影响。为此，计算机技术在未来将得到进一步的应用，各个行业也将更好地和计算机技术融合、相互推动和发展。对于动漫产业，计算机技术在我国动漫产业中仍然有着非常大的发展和应用空间，但是仅仅依靠计算机技术无法有效推动我国动漫产业的发展。在动漫制作中，我们要以对待艺术品的态度对待动漫制作，充分尊重动漫题材所要表达的思想，赋予动漫灵魂和感情，用计算机辅助技术改善画质，丰富动漫人物的表情、色彩，让观看者可以更好地理解动漫所要传达的思想，拥有更好的体验。

国民经济水平的提高使人们对娱乐生活有了更高的要求，动漫产业作为娱乐生活中的重要组成内容，需要为国民提供更好的服务。在计算机技术的应用下，动漫产业在近些年得到了较快发展。随着计算机和相关软件的发展，相信未来我国动漫产业将会迎来新的春天。

第二节　嵌入式计算机及其应用

随着科学技术的迅速发展，数字化、网络化时代已经到来，而嵌入式计算机逐渐被各行各业关注，被广泛运用到科学研究、工程设计、农业生产、军事领域、日常生活等各个方面。本节就嵌入式计算机的概念和应用、现状分析、未来发展等方面进行探讨，让读者更加深入了解嵌入式计算机。

由于微电子技术和信息技术的快速发展，嵌入式计算机已经逐渐渗入我们生活的每个角落，应用于各个领域，为我们提供了不少便利，也带来了前所未有的技术变革。研究者们不断深入研究嵌入式计算机，希望利用它创造无限可能。

一、嵌入式计算机的概念和应用

（一）嵌入式计算机的概念

从学术的角度来说，嵌入式计算机是以嵌入式系统为应用中心，以计算机技术为基础，对各个方面如功能、成本、体积、功耗等都有严格要求的专用计算机。通俗来讲，嵌入式计算机就是使用了嵌入式系统的计算机。

嵌入式系统集应用软件与硬件于一体，主要由嵌入式处理器、相关支撑硬件、嵌入式操作系统以及应用软件系统组成，具有响应速度快、软件代码小、高度自动化等特点，尤其适用于实时和多任务体系。嵌入式系统的硬件部分包括存储器、微处理器、图形控制器等，应用软件部分包括应用程序编程和操作系统软件，但其操作系统软件必须能满足实时和多任务操作的需求。在我们的生活中，嵌入式系统几乎涵盖了我们所有的电器，如数字电视、电梯、空调等。

但是，嵌入式系统和一般的计算机处理系统有区别，它没有像硬盘一样大的存储介质，存储内容不多，它使用的是闪存、EEPROM（电擦除可编程只读存储器）等。

（二）嵌入式计算机的应用

1.嵌入式计算机在军事领域的应用

最开始，嵌入式计算机就被应用到了军事领域，比如它在战略导弹 MX 上面的运用，这样可以在很大程度上增强导弹击中目标的精准性。在微电子技术不断发展的情况下，嵌入式计算机今后在军事领域的运用只会增多，现如今我国 99 式主战坦克也有涉及。

2.嵌入式计算机在网络系统中的应用

众所周知，要说嵌入式计算机在哪方面运用得最多，答案毫无疑问是网络系统。它的使用可以让网络系统环境更加便捷简单。例如，在许多数字化医疗设施中，即便是同样的设计基础，也仍然可以设立不一样的网络体系。除此之外，嵌入式计算机在网络系统中的应用还可以大大减少网络生产成本，延长使用寿命。

3.嵌入式计算机在工业领域中的应用

嵌入式计算机技术在工业领域方面的运用十分广泛，既可以加强对工程设施的管理和控制，又可以运用这种技术对周边状况以及气温等进行科学掌握。这样一来，可以确保我们所用的设施持续运转，也可以达到我们想要达到的理想效果。

除了笔者所列举的三个应用领域，其实还有很多领域都要运用嵌入式计算机，如监控领域、电气系统领域等，这项技术给人们带来的成果无法估量。

二、嵌入式计算机的现状分析

最开始嵌入式系统概念被提出来的时候，就获得了不错的反响，它以高性能、低功耗、低成本和小体积等优势得到了人们的青睐，也得到了飞速的发展和广泛应用。但是由于当时技术有限，嵌入式系统硬件平台大多是基于 8 位机的简单系统，这些系统一般只能用于实现一个或几个简单的数据采集和控制功能。硬件开发者往往就是软件开发者，他们会考虑多个方面的问题，因此嵌入式系统的设计开发人员一般都非常了解系统的细节问题。

然而随着技术的发展，人们的需求越来越高，传统的嵌入式系统也发生了很大的变化，没有操作系统的支持已经成为传统的嵌入式系统最大的缺陷。在此基础上，工程设计师们绞尽脑汁，丰富嵌入式系统使用的操作系统种类，将其分为商业级的嵌入式系统和源代码开放的嵌入式操作系统，其中使用较多的是 Linux、Windows CE、VxWorks 等。

三、嵌入式计算机的未来发展

目前嵌入式系统软件在日常生活的应用已经得到了大家的认可，它不仅有助于我国的经济发展，还可以实现我国当前的经济产业结构转型。但嵌入式计算机继续向前发展仍然需要技术人员的不断努力，在芯片获取、开发时间、开发获取、售后服务等方面也需要加强。很多大型公司在尽力研究高性能的微处理器，这无疑为嵌入式计算机的发展打下了良好的基础。

由于嵌入式计算机的用途不一，对硬件和软件环境的要求差异很大，技术人员也在想办法解决此问题，目标是推进嵌入式 OS 标准化进程，这样会像更多大众所适应的那样，更加方便地裁剪、生产、集成各自特定的软件环境。但值得肯定的是，在嵌入式计算机未来的发展中，会在越来越多的领域运用，它将渗入我们生活的各个方面。

总而言之，在科学技术不断发展的情况下，嵌入式系统在计算机中的运用已经逐步占据我们的生活，融入我们的日常。嵌入式系统不仅有功能多样化的特点，而且形态足够巧妙，性能较为强大，为我们带来了一定的便捷性，对计算机的损耗也大大减少，大大增强了计算机的稳定性。嵌入式计算机改变了以往传统计算机的运行方式，拥有更多优点和功能。综上所述，嵌入式计算机推动了我国科学技术的发展，在未来，嵌入式计算机的作用和价值会超乎我们的想象。

第三节　地图制图与计算机技术应用

计算机技术的高速发展，极大地推动了很多行业的全面发展，其中就有地图制图领域，该领域逐步实现了数字化转变和应用。地图制图与计算机技术融合起来，可以更好地提升工作的效率和数据的精确度。

一、地图制图概述

（一）地图制图的概念

地图制图通常也可以叫作数字化地图制图，这是在计算机技术融合中改变的，这种方式也可以称为计算机地图制图。在实践操作中，遵循原有地图制图的基本原理，应用计算机技术进行辅助，同时融合了一些数学逻辑，可以更好地进行地图信息的存储、识别与处理，实现各项信息的分析处理，将最终的图形直接输出，大大提升了地图制图的工作效率，数据的精确度也更高。

（二）地图制图的过程

要想综合掌握数字地图制图，就应该充分了解和分析数字地图制图的过程。从工作实践分析，数字地图制图主要可以分成四个步骤：

第一，应该充分做好各项准备工作。数字地图制图准备工作和传统的地图制图准备工作是相似的。为了能够保证准备工作满足实际工作需要，还需要应用一系列编图工具，并且对各项编图资料信息进行综合性的评估，进而选择使用有价值的编图资料。按照具体的制图标准，应该合理地确定地图的具体内容、表示方法、地图投影，还要确定地图的比例尺。

第二，做好地图制图的数据输入工作。数据输入指的是在地图制图时将所有的数据信息进行数字化转变，也就是将各项数据信息，包含一些地图信息，直接转变成为计算机能够读取的数字符号信息，进而更好地开展后续的操作。在具体的数据输入环节，主要是将所应用的全部数据都输入计算机内，也可以选择使用手扶跟踪方式来将数字信息输入计算机内。

第三，对各项数据进行编辑与符号化处理。在地图制图工作环节，将各项数据都输入计算机系统内，然后就要对这些数据进行编辑与符号化处理。为了使这项工作高效、准确地完成，必须在编辑工作前进行严格的检查，保证各项输入的数据都能够有效地应用，且需要对各项数据进行纠正处理，保证数据达到规范化的标准。在保证数据信息准确无误之后，就要进行特征码的转换，然后进行地理信息坐标原点数据的转化。要统一转变成规定比例尺之下的数据资料，且要针对不同的数据格式进行分类编辑工作。

第四，要进行数据信息编制。在该环节中，要对数据的数学逻辑进行处理，变换相应的地图信息数据信息，最终获取相应的地图图形。

（三）地图制图的技术基础及系统构成

1.地图制图的技术基础

要想全面提升地图制图的工作效率和质量，最为关键的技术就是计算机中的图形技术。将该技术应用到实践中，往往能够满足地图抽象处理的需要。此外，计算机多媒体等先进技术也可以应用到实践中，从而满足地图制图工作的需要。

2.地图制图的系统构成

在地图制图系统的应用过程中，需要计算机的软硬件作为支持，同时还需要各种数据处理软件，这是系统的主要组成部分。

二、地图制图与计算机技术的具体应用

地图制图技术所包含的内容比较多，从实际情况分析，包含地图制作与印刷、形成完善的图形数据库。将地图图形的应用和数据库联系起来，可以更好地展示地图图形，在数据库中进行显示、输入、管理与打印等，最终输出地图信息。地图制图系统还能够应用到城市规划管理、交通管理、公安系统管理等方面，其在工农矿业与国土资源规划管理的过程中，发挥了巨大的作用。

比如，将地图制图技术应用到计算机系统之后进行城市规划的管理与控制，可以更好地实现地图信息的数字化转变，并且只要将各项地图数据信息直接录入数据库内，就能够开始对城市规划方案进行确定，实现输入、接边、校准等处理，最终能够直接形成城市规划数字化地图形式。将该制作完成的数字化图形再次利用数据库信息来进行各项数据的管理，可以满足系统的运行需要。为了使城市规划地图制图工作有序开展，还应该根据实际工作的需要建立城市地形数据库，数据库中要包含完善的城市地形相应的数据信息，即用地数据、经济发展数据、人口分布数据、水文状态数据等，再应用 SQL 查询，给城市规划决策的制定提供良好的基础。

再如，在某行政区图试样图总体图像文字处理的过程中，采用 MicroStation 进行图形制作，然后使用 Photoshop 进行图像处理，通过处理的图像文字采用 CorelDRAW 及北大方正集成组版软件组版。通过计算机技术的应用，能够大大地提升地图制图的效率。

数字化地图能够使用的范围是比较大的，除了上述几个方面之外，还可以应用到商业、银行、保险、营销等领域内。比如，在银行工作中应用数字化地图，可以充分了解银行网点在城市、农村等地区的分布情况，根据实际情况来确定银行设置的网点，给银行管理者制定发展规划提供有力的支持，促进银行发展。

综上所述，地图制图与计算机技术有效地融合到一起，能够更好地实现数字化转变，更好地提升应用效果。该技术的应用是比较广泛的，对各个领域的发展都能够起到积极的推动作用，使城市的发展前景更加宽阔，极大地推动社会的发展和进步。

第四节 企业管理中计算机技术的应用

随着科学技术的高速发展，互联网技术以及计算机技术也在快速发展着，并且已经深入学校教学、企业办公和人们的日常生活当中。计算机技术在企业中的应用越来越深入，作用也越来越大，变得不可替代。本节就对企业管理中计算机技术的应用进行了研究探讨。

计算机技术的开发与使用为企业管理打开了一个新的思路。在计算机技术的辅助下，企业管理的质量和效率都得到了很大提高。所以，企业也认识到计算机技术对企业运营的重要性，普遍使用计算机技术来完成企业管理工作。但是，对于如何更好地在企业管理中发挥计算机技术的作用，还需要进一步研究探索。

一、计算机技术的优点

近些年来，随着科学技术的不断发展，计算机技术与互联网技术的发展势头迅猛。把计算机技术运用到企业中可以提高工作效率，增强企业的综合竞争力，而互联网的产生又催生了新型的企业模式，即互联网公司。可以说，计算机技术的应用使企业的管理更加稳定，计算方法更加简单、便捷。各大企业将计算机技术广泛应用到企业日常的管理和计算中，节约了企业的人力和物力支出，这就相当于为企业节约了运营成本。

计算机技术在企业管理中具有系统性管理和动态性管理的特点，互联网的应用又可以使企业对项目的情况和进展进行实时监控和管理。这种实时的监控及管理能够有效提高工作效率，将项目的进度和现场情况实时反馈给企业的管理层，让企业了解项目的情况，及时对方案和进度作出调整指示；还能够提供更多的资金周转时间，让企业的管理层成员了解企业的运营情况，为企业争取更大的利益。

随着现代经济的高速发展，企业要想跟上经济形势，就必须具备一个“移动”的办公室，这个办公室可以随时随地进行操作和计算，及时掌握企业经营状况。在计算机技术的帮助下，企业的管理层可以随时对企业进行监督、查询和远程指导。这样既帮助企业节省了人力、物力、财力，又保证了数据的安全性，使企业在管理上能够更加科学化、现代化，从而提高企业的综合竞争力。

二、企业管理对计算机技术的要求

第一，降低计算机技术成本。企业运营的目的就是盈利，所以企业在计算机技术方面的首要要求就是降低成本。企业希望计算机技术可以在企业的管理运营中带来经济效益，但同时又能够降低计算机技术的成本，减少企业的经济支出，增加利润。

第二，提供稳定的平台和处理方式。人事和行政两个部门，一般都需要处理一些细节性的事情，包括数据的整理等。但是这些工作往往需要耗费大量的人力资源，不仅会消耗时间和精力，而且对于企业来讲，这样的工作方法根本就没有什么效率可言。工作效率低下会使企业的管理层不能够及时正确地接收内部信息，甚至作出不恰当的决策。企业的管理和战略决定着这个企业的未来发展，企业需要稳定的平台和有效的处理方式。这就需要计算机技术利用自身的稳定性和有效性解决企业管理中的这一难题。

第三，信息数据的安全性。企业的基本管理包括人力资源管理、生产材料分配、生产进程管理、项目进度安排、财务管理等内容。涉及这些方面的数据以及信息对企业来说都是非常重要的资料，所以一定要保证它们的安全性。这就需要计算机技术通过自身的优势来帮助企业实现这一目标。

三、计算机技术在企业管理中的应用

（一）计算机技术在财务方面的应用

财务部门对企业来说是核心部门，财务的数据信息能够直观地反映企业的经营状况。传统的财务管理存在费时费力的问题，还不能及时准确地接收市场的一些动态信息，不能够保证持有信息的安全性，这也给企业埋下了信息安全隐患。但是计算机技术的应用改变了传统财务管理的方式方法，不再需要费时费力地整理大量的财务数据，可以运用计算机技术的运算系统来完成，并且在信息传递方面，能够及时准确地将信息传递给相关人员，不会因为人力、物力的匮乏，造成信息的延迟传递，避免给企业带来经济损失。计算机技术在财务管理方面的应用能够及时反馈实时信息，让领导在决策时根据当前的环境给出恰当的判断和决定，提高企业的工作效率。

（二）计算机技术在人力资源方面的应用

在传统的企业管理模式当中，人力资源管理主要就是掌控和管理信息。当人力资源部门面对大量的数据以及信息的时候，就需要大量的人力和物力对这些信息进行分类整理，耗时、耗力。但是运用计算机技术之后，就可以简单快速地将这些数据进行分类和统计，不用再像以前一样需要那么多的人力和物力。况且，人工整理很有可能因为个人的状态问题或者其他的因素在数据的整理、统计等方面产生偏差，而计算机技术可以有效地避免这一点，提高了工作效率，节省了人力资源工作成本。

（三）计算机技术在企业资源管理方面的应用

企业的资源管理包括人力资源管理、生产物料管理、财务信息管理、企业运营活动管理等。资源的安全性对企业来说非常重要，它关系着企业是否能够正常经营，完成生产和销售环节，是企业的发展命脉以及生产经营的基本保障。计算机技术能够有效地解决企业资源管理的信息安全问题，还可以帮助企业更好地分类和整理信息，对于库存的信息也能够及时登记，协助企业的管理层更好地进行组织管理活动。

（四）计算机在企业生产方面的应用

在现代的生产类企业当中，新产品的研发需要投入相当大的人力、物力和财力。为了增强企业在整个市场中的综合竞争力以及核心优势，企业的研发人员可以使用计算机技术来完成新产品的开发。这样可以节约大量的人力成本和研发资金的投入，从而有效地为企业节约成本。

四、计算机技术在企业管理中应用存在的问题

（一）对计算机技术的重视度不够

由于客观条件的影响，人们的思想还没有跟上经济发展的步伐，对计算机技术的认识还未达标。对于一大部分企业来说，管理层多为年纪较大的人员，他们对新鲜事物的接受和适应能力较差。很多企业的管理层并没有认识到计算机技术对企业管理的重要

性，更没有认识到计算机技术能够为企业带来经济效益。领导者在企业的发展中扮演着至关重要的角色，他们的态度影响着企业管理和经营的模式。如果他们对计算机技术不理解、不支持，就会直接导致企业对计算机技术不重视。计算机技术的优势在这样的企业中难以发挥，而且企业的宝贵资源也会被浪费。

（二）没有明确的发展目标

计算机技术的高速发展在一定程度上也推动了企业管理的发展，但我国大部分企业中并没有制定明确的基于计算机技术的企业发展目标。由于没有指导思想，企业管理的发展也受到了不同因素的制约。还有一些企业不太相信计算机技术在企业管理方面的优势，对这一切还持观望的态度。这也导致部分企业还是倾向于传统式的企业管理，不仅影响了企业的办公效率，也阻碍了企业综合竞争力的提高。

五、计算机技术在企业管理中应用的改善措施

（一）提高对计算机技术的认识水平

首先，需要帮助领导者认识到计算机技术在企业管理中的优势和作用，使领导者在企业管理中对运用计算机技术持有支持的态度，进而为基于计算机技术的企业管理创造良好的条件。其次，企业的领导者应该有意识地学习关于计算机技术的企业管理知识，然后安排公司进行培训，让企业员工都能够掌握计算机技术，认识到计算机技术对企业管理的重要性。计算机技术只有得到领导层和员工的一致认可，才能有效地促进企业管理水平的提高，最终达到提高企业的工作效率、避免资源浪费、降低成本、增强企业综合竞争力的目的。

（二）制定明确的发展目标

明确的发展目标为基于计算机技术的企业管理指明了道路。有了指导思想才能够更好地发展计算机技术，使计算机技术在企业管理方面发挥优势。对于一些中小型企业来说，计算机技术发展目标大体上可以确定为提高企业的工作效率、降低企业的运营成本、节约资源等；对于大型企业来说，将计算机技术应用到企业管理当中，应该达到增

强企业自身的核心竞争力、提高企业在市场中的综合竞争力的目的。

计算机技术对企业管理来说有着至关重要的作用，它能够简化企业管理的方式，提高企业的工作效率，降低企业的运营成本，使管理者科学有效地管理企业。只有重视计算机技术在企业管理中的应用，才能最大限度地发挥它的作用，在提高企业效益的同时让企业在市场竞争中站稳脚跟。

第五节 广播电视发射监控中计算机技术的应用

随着社会的进步，计算机技术飞速发展，被广泛应用到不同行业、领域中，发挥着关键性作用。本节将客观分析广播电视发射监控中计算机技术的作用，探讨广播电视发射监控中计算机技术的应用与前景。

在新形势下，必须优化利用计算机技术动态监控广播电视发射，避免广播电视发射受到各种因素影响，使其顺利传输各类信号，提高传输数据信息准确率。在应用过程中，相关人员必须综合分析各方面影响因素，结合广播电视发射的特点、性质，多角度、巧妙地利用计算机技术，实时监控广播电视发射中心，顺利实现广播电视发射，避免发射过程中出现问题。

一、广播电视发射监控中计算机技术的作用

（一）图像信号发射监控方面的作用

早期，呈现在大众面前的电视节目只有画面没有声音，随着音频传播技术的持续发展，当下电视顺利实现了音频、图像同步传播，可以输出彩色的图像，在此过程中，计算机技术发挥着重要作用。在计算机技术的作用下，广播电视发射信息监控逐渐呈现出精准化、智能化的特点，和传统人工监测相比更具优势，更加便捷。一旦广播电视发射

监控系统运行中存在问题，便会及时给出报警提示，工作人员可以第一时间采取有效的措施加以解决，确保系统设备处于高效运行中。在新形势下，图像处理对计算机技术提出了更高的要求。可以借助计算机技术，动态处理各类图片，对其进行必要的个性化设计。图像设计、定位等技术日渐成熟，可以精准定位图像信号频率，确保图像信号发射、远程监控同步进行，可以远程动态监控电视节目画面，确保输出的节目画面更加精准，在提高传输图像信号准确率的同时，促使广播电视节目图像更具吸引力。

（二）音频信号发射监控方面的作用

在社会主义市场经济背景下，广播电视音频信号发射技术日渐成熟，但在计算机技术没有应用于广播电视发射监控之前，音频信号极易受到内外各种因素影响，出现变频、消失等现象，导致发射的各类信号无法以原形方式呈现在观众面前，电视节目画面质量较低，大幅度降低了电视节目收视率。而在计算机技术作用下，广播电视发射方面存在的一系列核心技术问题得以有效解决，可全方位动态监控音频与图像信号。也就是说，在传输中，如果出现故障问题导致变频，计算机系统会第一时间给出警报提示，工作人员可以结合一系列警报数据信息，展开维修工作，科学调整信号，在提高传输信息数据效率的同时，提高各类广播电视节目质量。

二、广播电视发射监控中计算机技术的具体应用

（一）广播电视发射设备

当下，在广播电视发射监控方面，计算机技术的应用日渐普遍化，是促进广播电视行业进一步发展的关键所在。广播电视发射设备是广播电视发射台运行中的关键技术设施，由多种元素组合而成，如天线、馈线系统。在运行中，广播电视发射机会先将信号传输到对应的天线接收系统，在天线转化作用下，传输给不同类型的接收设备，这样才能呈现对应的画面与信息。在传输信号过程中，必须保证发射设备不出现故障，能够稳定传输，在呈现画面的同时播放各类信息。其中计算机处于核心位置，动态监控各类设备，看其是否处于正常运行状态，在对比分析各类信息数据的基础上，及时做出预警提示，确保工作人员第一时间检测、调整画面。如果发射机出现较为复杂的故障，系统会

自动侦测故障问题，实现倒机，能在一定程度上减少损失。

（二）广播电视发射监控中计算机抗干扰技术的应用

在广播电视发射监控系统的构建中，计算机技术被广泛应用，数据库技术、多媒体技术也被应用其中，可以实时远程控制广播电视发射设备，构建合理化的远程局域网，实现更长距离的监控，有效访问系统设备。因此，笔者以计算机抗干扰技术为例，探讨其具体应用。

在新形势下，相关人员可以借助计算机技术，避免广播电视信号在发射中受到干扰，确保传输的信息数据更加准确、完整。具体来说，广播电视发射监控极易受到相关干扰，空间电磁波、接电线会干扰计算机设备信号，传输线缆内部数据会干扰计算机系统，需要采取可行的措施加以解决。在计算机技术作用下，相关人员需要先将干扰信号波加入空间传播电磁波信号，优化利用以计算机为基点的信号处理部件，有效过滤来自各方面的干扰信号；可以巧妙利用屏蔽干扰成分形式，将出现的干扰波彻底消除，在满足各方面要求的情况下尽可能地减少接入的电线，避免干扰传输的一系列信号。在此过程中，相关人员必须确保各系统设备顺利接地，有效排除信号干扰，这是因为在高频电路中元件、布线的电容以及寄生电感极易导致接地线间出现耦合现象，要采用多点入地方法，综合分析各方面影响因素，坚持接地原则，采用适宜的接地方法，准确接地，避免出现高频干扰。对于低频电路来说，寄生电感并不会对接地线造成严重影响，可采用一点接地方法，避免广播电视信号在发射中受到干扰。同时，在解决接地线信号干扰问题时，相关人员可以巧妙利用平衡法，优化利用平衡双绞线，确保信息数据可在传感器输入、在输出端口中传输，然后结合具体情况，以电路为基点，有效转换信号系统类型，尽可能地降低系统信息数据传输的差模数值，充分发挥处于平衡状态的双绞线多样化作用，防止传输的各类信号被干扰。

（三）广播电视发射监控中计算机技术的应用发展方向

随着经济社会飞速发展，各类数据信息层出不穷，相互干扰。在接收到海量数据信息之后，计算机技术与设备会先对其进行合理化分类，再进行动态化监控。在应用过程中，计算机系统在信号方面的敏感度特别高，如果广播电视在同一时间传输海量信号，计算机会逐一对其进行分类，并对其进行动态化控制，这能在一定程度上简化监控操作流程，提高监控整体效率。

在新形势下，各类卫星频繁出现，如商用卫星、电视卫星，也就是说，在传输广播电视节目信号时，极易受到不同信号干扰，降低广播电视节目信号质量。在广播电视节目播放之前，相关人员可以巧妙利用计算机技术，准确检测外界各类信号。工作人员可以及时根据这些信号的干扰强度，进行合理判断，通过不同途径采取有效措施加以解决，避免传输的一系列广播电视信号受到干扰。在传送广播电视节目信号之前，制定合理的预防方案，避免传输的信号被干扰，提高传输信息数据的准确率，提高信号传输质量。

总而言之，在广播电视发射监控方面，计算机技术的应用至关重要，相关人员必须根据该地区广播电视发射监控具体情况，从不同角度优化利用计算机技术，避免信号在传输过程中受到干扰，动态监控设备系统，及时发现其存在的问题，第一时间进行解决，提高系统设备多样化性能，使设备安全、稳定运行，为听众/观众提供更多高质量的电视节目，满足他们各方面的收听/观看要求，从而降低广播电视发射设备运营成本，提高其运营效益，促使新时期广播电视行业进一步发展，从而推动经济社会的全面发展。

第六节　电子信息和计算机技术的应用

随着人类社会的快速发展，电子信息和计算机技术日新月异，在人类社会的各行各业中都扮演着极其重要的作用，已经成为人类社会不可或缺的一部分。尤其是在近些年，电子信息和计算机技术发展速度非常快，规模也在不断扩大，在航空航天、无线通信、汽车等领域已经得到了广泛应用。

一、电子信息和计算机技术概述

电子信息技术是建立在计算机技术基础之上的，二者相互依存、相互影响。电子信息和计算机技术主要研究自动化的控制，通过计算机网络技术进行维护，高效地采集数据信息，并传递和整合数据信息。通俗来讲，人类社会生产和生活中使用的有线和无线的设备、与网络及通信相关的设备都属于它们中的一部分。电子信息和计算机技术具有应用广泛、通信速度快和信息量大、发展迅速等特点。

二、电子信息和计算机技术的具体应用

（一）航空航天方面的应用

在现代航空航天产业中，电子信息和计算机技术无处不在，并且在整个产业中不可替代，如利用计算机和电子信息设备进行航空航天相关产品的设计，飞机在飞行过程中航线的安排和控制，卫星控制和数据采集，火箭和神舟飞船的发射及控制等。

利用三维图形生成技术、多传感交互技术以及高分辨显示技术，生成逼真的三维虚拟环境（虚拟现实技术），是电子信息和计算机技术在航空航天上的新兴应用。飞机驾驶模拟系统就运用了电子信息和计算机技术，利用这一系统，驾驶学员可以通过戴上与系统匹配好的头盔、眼镜、数据手套，或者利用更加直接的键盘和鼠标等输入设备，进入虚拟空间，进行“真实”的交互训练，并且系统能够模拟出各种飞行状况，更加全面地对飞行员进行培训，让飞行员感知和操作虚拟世界中的各种对象，避免在现实中出现操作失误，发生严重的安全事故。

（二）汽车方面的应用

随着经济社会的发展，汽车已经走进千家万户，对人类生活起着举足轻重的作用。随着电子信息和计算机技术的发展，在传统汽车领域的基础上出现的汽车信息电子技术化已经被公认为汽车技术发展进程中的一次革命。

当前，汽车电子技术主要是利用电子信息和计算机数据采集、控制和管理的作用，向集中综合控制发展。

汽车在行驶过程中的刹车和牵引力分配控制中采用的 ABS（制动防抱死控制系统）、TCS（牵引力控制系统）和 ASR（驱动防滑控制系统），不同的模块间是通过线路连接，采集相关数据，最后传输到小型计算机 CPU 进行计算，并产生反馈控制，这大大地提升了车辆行驶过程中的协调性、平稳性和安全性。

为了提高燃油效率，发动机上也会安装燃油控制系统，它能够按照设定的程序，精准地控制燃油量。

电子信息和计算机技术在汽车中的新型应用：

1.无人自动驾驶技术

通过计算机对各种路况信息进行采集，并处理反馈，达到无人驾驶的目的。目前自动驾驶汽车已经研发出来，并投入使用。

2.驾驶人员行驶状态检测技术

在汽车驾驶舱内安装一些传感器探头，可以随时捕捉驾驶员的状态和一些行为，并将相关信息传输到计算机 CPU 内进行分析判断，检测驾驶员是否有酒驾、疲劳驾驶等情况，并可以自动发出提醒警报。

3.智能识别技术

该技术可以通过对车主的指纹、声音以及视网膜等信息进行采集，并输入数据库内，让车辆只有车主能够启动，能够提高车辆的防盗性能。

4.车联网技术

此外，还可以将多台车辆的信息通过电子传感器连接到一台计算机上，通过计算机对这些车辆的信息进行统一的分配和处理。

电子信息和计算机技术与汽车制造技术的结合已成为必然的趋势，汽车产业会朝着智能化和信息化的方向不断发展，为人类提供更好的体验。

（三）现代教育和教学方面的应用

之前的教育教学方式一般直接采用图表、模型、手口相传、实验等直观教学的手段，但是在 21 世纪的今天，我们所处的环境是经济和知识高速发展的时代，以电子信息和计算机技术为核心的现代教育技术在教育领域中的应用，全面推进了素质教育的发展，已成为衡量教育现代化水平的一个重要标志。

电子信息和计算机技术在现代教育和教学上的应用包括：

1.远程和网络教学

它是基于卫星通信技术，以计算机为依托的一种教学方式。现在很多高中和名校合作办学，可以共享名校的教育资源。网络上兴起的微课和各种自学的教程，也是电子信息和计算机技术在教学手段上的体现。

2.多媒体教学形式

它是基于计算机多媒体技术建立而成的，取代了传统的手口相传的方式，在课堂利用语言实验设备、电子计算机辅助教学系统有助于实现教学过程的个性化，真正做到因材施教，加入更多的图片、动画和音像资料，把枯燥的学习变得生动形象。由于具有多重的感官刺激、传输的信息量大且速度快、使用方便、交互性强，其在教育领域已经成为主流。

3.翻转课堂

由于电子信息和计算机技术的不断发展，现在的课堂教学已经从原来的以教师为主导的教学转变为以学生为主体的教学。借助各类学习 App 和互联网上教师录制的学习视频，学生可以随时随地自主高效地学习。翻转课堂既提高了学生的参与度，又节约了教育资源。

4.电子图书馆

随着大数据时代的来临，各个学校图书馆也建立起了电子图书馆。电子图书馆资源丰富，能够方便学生查阅相关书籍，对学生的学习效率和阅读效果都有非常大的帮助。

（四）人类社会生活方面的应用

近年来，各种基于电子信息和计算机技术而出现的各种新奇的发明创造和新技术对人类社会生活质量的提高起着极其重要的作用。

1.智能手机、电脑和互联网的应用

现在人类社会已经进入了互联网时代，人们人手一部智能手机，家里也有电脑，再加上光纤信息技术和 Wi-Fi 技术的普及，人们在信息获取、存储和互换上更加方便和快捷。现在不单单是语音通话，人们可以随时随地与其他人进行视频沟通或者拍摄短片上传网络，并进行互动交流。

2.网络购物和支付系统

电子信息和计算机技术开发出的网络购物，使得人们足不出户就能买到想要的东西。特别是各类购物 App 和平台的开发，满足了人们的购物需求。微信、支付宝等支付方式的出现，使人们的购物更加便捷。同时，无纸币化的支付方式，也使人们的货币安全得到了更好的保障，人们出行也不用担心没有带够钱，切切实实地使人们的生活方式发生了翻天覆地的变化。

3.VR 技术

VR 技术也给人们在购物、娱乐和游戏上提供了全新的体验。VR 创建的虚拟环境，能够使人们“加入”这个世界，体验感更加强烈和真实。

三、电子信息和计算机技术发展新方向

人工智能是当前电子信息和计算机技术发展的新方向。人工智能是计算机科学中研究、设计和应用智能机器的一个分支，主要用机器来模拟和执行与人类智力相关的劳动，如击败各大围棋高手的 AlphaGo。其他，如机器人管家、外科机器人医生、外太空探险等，会随着技术的不断进步而逐一实现。

电子信息和计算机技术渗透人类社会的方方面面，有着不可替代的地位，而我国在这方面的技术还不够成熟或者先进。但是，随着我国经济社会发展水平的不断提高，对电子信息和计算机技术的投入也会越来越大，不论是国防军事还是人们的生产生活，对其需求也越来越高，我们应当将其作为增加我国综合国力和竞争实力的重要技术发展，满足人类社会进步的需要。